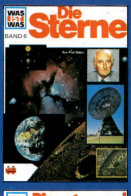
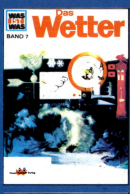

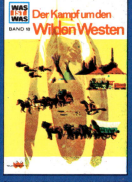

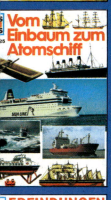
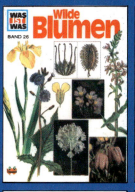
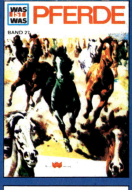

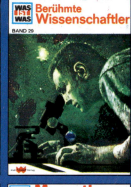

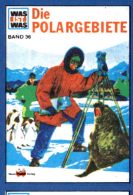
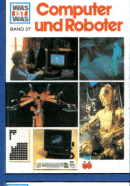

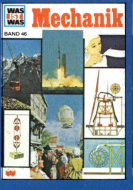

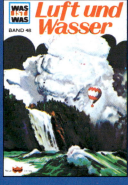

Weitere Titel siehe letzte Seite.

Ein  Buch

Berühmte Wissenschaftler

Von Jean Bethell

Illustriert von Roland Jäger

Wissenschaftliche Beratung durch Dr. Paul E. Blackwood

*Die Erschaffung des Menschen
(Holzschnitt aus der Kölner Bilderbibel 1479).
Wie der Mensch wirklich erschaffen wurde und welchen
Naturgesetzen er in seinem Leben unterliegt –
das herauszufinden ist die schwierigste und wichtigste
Aufgabe der Wissenschaft.*

Tessloff Verlag · Hamburg

Vorwort

In einem Zeitalter, in dem die ständige Ausweitung der Wissenschaften fühlbar unser Leben beeinflußt, ist es erstaunlich, daß viele Leute keine genaue Vorstellung davon haben, was eigentlich Wissenschaft ist. Darum soll dieses WAS IST WAS-Buch zeigen, wie Wissenschaftler lebten, die Natur erforschten, wie sie dachten und was sie erreichten.

Naturforscher sind oft Wissenschaftler, die überlieferte Meinungen, Lehrsätze und Glaubensinhalte anzweifeln und sie erproben möchten. Sie verlassen sich nicht auf Autoritäten, die irgendwann einmal etwas behauptet haben. Sie sind wißbegierige Forscher, die nicht so leicht die Suche nach einer Antwort auf eine schwierige Frage aufgeben. Sie arbeiten dabei vor allem mit dem Kopf, sie denken nach, zergliedern und kombinieren, suchen Beweise, überprüfen sie sorgfältig und bauen eine Theorie auf, mit der sie die Zusammenhänge der Erscheinungen erklären können.

Manchmal müssen sie lange suchen, überlegen und kombinieren, um die Lösung eines Problems zu finden. Manchmal sind es aber auch plötzliche Eingebungen, geniale Ideen, aus denen sie schlagartig die Zusammenhänge erkennen. Solche Eingebungen prüfen sie besonders nach und lassen sie auch durch andere Forscher überprüfen. Sie entwerfen oft die Lösung eines Problems als Hypothese, als Annahme, und untersuchen dann, ob alle Tatsachen dazu passen. Ist das nicht der Fall, muß die Hypothese geändert oder eine neue gefunden werden. Wissenschaftler dürfen nicht voreingenommen sein: Sie sind im Gegenteil stets bereit, neue, bessere Erkenntnisse aufzunehmen und ihre eigenen Ergebnisse zu überprüfen. Daraus erwachsen dann nach und nach genauere Darstellungen und treffendere Erklärungen der Vorgänge in unserer Welt. So nimmt die wissenschaftliche Erkenntnis ständig an Umfang und Genauigkeit zu.

Dies WAS IST WAS-Buch macht klar, was Wissenschaft bedeutet, indem es zeigt, wie Wissenschaftler arbeiten und was wir ihnen verdanken.

Fotos: Archiv für Kunst und Geschichte 15, Max-Planck-Gesellschaft 5, Historia-Foto 3, dpa 1, Bayer 1, Siemens 1, RWE 1, Bildflug Hbg 1

Copyright ©1966, 1987 bei Tessloff Verlag, Hamburg
Veröffentlicht im Übereinkommen mit Grosset & Dunlap, New York
Die Verbreitung dieses Buches oder von Teilen daraus durch Film, Funk oder Fernsehen, der Nachdruck
und die fotomechanische Wiedergabe sind nur mit Genehmigung des Tessloff Verlages gestattet.

ISBN 3 7886 0269 4

Inhalt

Wissenschaftler und Forscher

Wie arbeiten Wissenschaftler? 4
Wie wird aus der Hypothese eine Theorie? 5

Archimedes

Was entdeckte Archimedes in der Badewanne? 6
Welches Gesetz entdeckte Archimedes? 8
Warum gilt Archimedes als größter
Mathematiker des Altertums? 9

Nikolaus Kopernikus

Wie war das Weltbild des Ptolemäus? 10
Wie beobachtete Kopernikus den
Sternenhimmel? 11
Wie viele Planeten umkreisen die Sonne? 12

Galileo Galilei

Wie entdeckte Galileo Galilei
das Pendelgesetz? 13
Wie bewies Galilei den Irrtum des Aristoteles? 14
Was entdeckte Galilei mit seinem Fernrohr? 15
Warum kam Galilei vor ein Kirchengericht? 15

Isaac Newton

Warum fällt ein Apfel nach unten
und nicht nach oben? 17
Was ist Schwerkraft? 18
Woraus besteht weißes Licht? 18

Michael Faraday

Woher kommt der Name „Elektrizität"? 20
Was ist eine Elektrolyse? 21
Wie entsteht elektrischer Strom? 22

Charles Darwin

Warum ging Charles Darwin mit der „Beagle"
auf Weltreise? 23
Was ist Evolution? 24
Wie entstehen neue Arten? 25

Was bewirkt die natürliche Auslese? 26
Wo fand Darwin eine Bestätigung
seiner Theorie? 26

Gregor Mendel

Was ist Genetik? 28
Warum können rote Pflanzen
weiße Nachkommen haben? 29
Wie vererben sich dominante Eigenschaften? 29
Wie reagierten Mendels Zeitgenossen
auf seine Theorie? 30

Louis Pasteur

Wie rettete Louis Pasteur ein krankes Kind? 31
Wie machte Pasteur
Tiere gegen Tollwut immun? 31
Was heißt „pasteurisieren"? 33
Wer erfand die Schutzimpfung? 33

Marie Curie

Wieviel Radium gibt es auf der Erde? 35
Was ist Radioaktivität? 36
Wie gewannen die Curies
das Element Radium? 37
Was fanden die Curies in der Pechblende? 38
Gegen welche Krankheiten hilft Radium? 38

Albert Einstein

Wie arbeitete Albert Einstein? 39
Welche Theorien machten Einstein berühmt? 40
Warum verließ Einstein Deutschland? 42
Wodurch machte Einstein
die Atombombe möglich? 43

Otto Hahn

Warum fühlte Hahn sich für die Atombombe
verantwortlich? 44
Wie begann Otto Hahns
wissenschaftliche Arbeit? 45
Wie verwandelte Rutherford Stickstoff
in Sauerstoff? 46
Wie spaltete Hahn ein Uran-Atom? 47
Wann lief der erste Kernreaktor an? 48

Dieses Gemälde des Engländers Joseph Wright zeigt den Hamburger Alchemisten Hennig Brand, wie er 1669 im menschlichen Urin Phosphor entdeckte. Die Alchemisten gehörten zu den berühmtesten Wissenschaftlern der frühen Neuzeit. Sie glaubten, daß alle irdischen Dinge durch Mischung der drei Grundstoffe Salz, Schwefel und Quecksilber entstanden seien. Mit ihren Arbeiten schufen die Alchemisten die Grundlagen der heutigen modernen Chemie.

Wissenschaftler und Forscher

Wie arbeiten Wissenschaftler?

Am Kap Kennedy in Florida sitzen zwei Männer in einem Kontrollturm; sie beobachten angespannt, wie sich eine riesige Rakete in die Luft erhebt und am Himmel verschwindet.
In Süd-Amerika kniet in einer dunklen Höhle eine junge Frau; sie entfernt vorsichtig die Ablagerungen der Jahrtausende von den ausgebleichten Resten eines menschlichen Schädels.
In einem Laboratorium in New York hält ein Mann im weißen Kittel mit festem Griff eine Giftschlange; geschickt fängt er ihr Gift in einem Gefäß auf.
Diese Figuren sind nicht Phantasiehelden eines aufregenden Abenteuerromans, sondern Wissenschaftler, jeder

von ihnen auf der Suche nach neuen Erkenntnissen, durch die bisher unbekannte Zusammenhänge geklärt, bestimmte Fragen beantwortet werden.
Wissenschaftliche Forschung ist die sorgfältige und systematische Suche nach Tatsachen und ihre Einordnung in den Gesamtzusammenhang der Dinge. Durch Experimente und Beobachtungen versuchen Forscher, das sind Wissenschaftler, die bei ihrer Arbeit auf der Suche nach neuen Erkenntnissen sind, Antworten auf ihre Fragen zu finden, das „Problem" zu lösen. Selten werden große Entdeckungen zufällig gemacht. Fast immer sind sie das Ergebnis gezielter Fragestellungen und geduldigen Experimentierens.
Jeder Forscher hat seine besondere Arbeitsweise. Aber fast immer folgt er dabei der *wissenschaftlichen Methode*, die vorgefaßte Meinungen und Vorurteile ausschließt und lückenlose Beweisketten ermöglicht. Sie beginnt mit dem Studium etwa schon vorliegender Forschungsergebnisse und ihrer Nachprüfung am „Objekt", am Gegenstand der Forschung selber.

Chemiker bei der Arbeit im wissenschaftlichen Labor eines großen deutschen Chemie-Konzerns. – 350 Jahre nach Hennig Brand wissen sie, daß es zumindest 106 chemische Grundstoffe (Elemente) gibt, aus denen sich alle Materie zusammensetzt. Aber erst den Physikern und Chemikern unseres Jahrhunderts ist es gelungen, den Traum der Alchemisten zu verwirklichen, nämlich einen chemischen Grundstoff in einen anderen zu verwandeln.

Wie wird aus der Hypothese eine Theorie?

Aus den so gesammelten Tatsachen entwickelt der Forscher dann eine *Hypothese*, eine Vorstellung über ihren Zusammenhang, von der er hofft, daß sie das Problem lösen oder erklären kann. Dann stellt er ausgeklügelte Versuche an, um herauszufinden, ob die Hypothese richtig ist. Häufig erweist sich dabei, daß die Hypothese nicht alle herausgefundenen Eigenschaften des Objektes einordnen kann und also falsch ist.
Gelingt es jedoch, genügend Beweise für die Richtigkeit der Hypothese zu erbringen, so muß sie noch von vielen anderen Forschern nachgeprüft und als zuverlässig befunden werden, damit sie als *Prinzip*, d. h. Grundsatz oder Gesetz formuliert und zur *Theorie* ausgebaut werden kann, also zur umfassenden wissenschaftlichen Begründung der neugewonnenen Erkenntnis.
Keinem Forscher ist es heute noch möglich, in allen Wissenschaften zu Hause zu sein. Dazu ist ihr Umfang viel zu groß geworden, und von Jahr zu Jahr wird er noch größer. Ein Wissenschaftler arbeitet deshalb meist nur auf einem besonderen Gebiet, dessen Probleme er genau studiert.
Die Wissenschaften sind in eine Reihe von Hauptdisziplinen oder Abteilungen gegliedert. Die Wissenschaft vom Aufbau und von der Geschichte der Erde ist die *Geologie*. Die *Biologie* befaßt sich

mit allem Lebendigen. Sie umfaßt die *Zoologie*, die Wissenschaft von den Tieren, die *Botanik*, die Wissenschaft von den Pflanzen, die *Paläontologie*, das ist die Wissenschaft von den versteinerten Tier- und Pflanzenresten, die *Anthropologie*, also die Wissenschaft vom Entstehen und der Entwicklung des Menschen und schließlich die *Physiologie*, die Wissenschaft vom inneren Bau der Lebewesen, mit ihren Unterabteilungen: der Medizinischen Forschung und der Bakteriologie. Der *Astronom* studiert Entstehung, Aufbau und Bewegung der Himmelskörper, der *Chemiker* studiert die Eigenschaften und Verwandlung der Stoffe, aus denen sich unsere Welt aufbaut; der *Physiker* untersucht die Zusammenhänge zwischen Kraft und Stoff und die damit verbundenen Erscheinungen wie Wärme, Licht, Schall und Elektrizität. Die *Mathematik* endlich ist die Wissenschaft von den Zahlen, die auch in fast allen anderen Wissenschaften angewandt wird, um zu messen, zu wägen, zu zählen und bei der Lösung von vielerlei Problemen zu helfen.

Ein Forscher kann sich z. B. der Erforschung des Alters unserer Erde widmen; er ist dann ein Geophysiker. Ein anderer befaßt sich ausschließlich mit den Problemen der Raumfahrt, mit der sogenannten Weltraummechanik. Einen Wissenschaftler, der sich auf das Studium der Viren spezialisiert, einer Art von Krankheitserregern, nennt man Virologen. So gibt es Dutzende von Spezialwissenschaften, und immer wieder werden weitere begründet.

Auf jedem Wissenschaftsgebiet gibt es Forscher, deren Werk alle anderen überragt. In diesem Buch soll über einige der berühmtesten Forscher der Welt berichtet werden. Natürlich gibt es noch viele weitere, deren Werk ebenso interessant und bedeutend ist. Vielleicht wird dieses Buch den Wunsch wecken, mehr über solche Forscher zu erfahren.

ARCHIMEDES (um 287–212 v. Chr.)

Was entdeckte Archimedes in der Badewanne?

Hier ist von dem bedeutendsten Bad die Rede, das je ein Mensch genommen hat. Die Sage berichtet nämlich, daß vor mehr als 2000 Jahren in Syrakus, der Hauptstadt der damaligen griechischen Provinz Sizilien, der Mechaniker und Mathematiker Archimedes, Ratgeber am Hofe des Königs Hieron, eine seiner bekanntesten Entdeckungen in der Badewanne machte: Als er sich eines Tages im öffentlichen Badehaus in einer Wanne niederließ und dabei das Wasser steigen sah, kam ihm plötzlich eine Idee. Er hüllte sich in ein Handtuch und eilte in diesem Aufzug nach Hause „Heureka! Heureka!" (griech. = Ich hab's gefunden!) rief er. Was hatte er gefunden?

Sein König hatte ihn beauftragt, den betrügerischen Hofjuwelier zu entlarven. Hieron hatte diesen nämlich in Verdacht, einen Teil des Goldes, das er für die Anfertigung einer Krone bekommen

Der griechische Mechaniker und Mathematiker Archimedes war einer der bedeutendsten Wissenschaftler des Altertums.

Archimedes erhielt von seinem König den Auftrag, einen ungetreuen Goldschmied – er sollte eine Krone aus reinem Gold herstellen – des Betruges zu überführen. Dabei entdeckte er das Gesetz der Dichte.

hatte, für sich behalten und den Rest mit weit billigerem Silber vermischt zu haben.

Archimedes wußte zwar, daß Metalle unterschiedlich schwer sind. Er hätte also die Krone einschmelzen, in Würfelform gießen und dann dessen Gewicht mit einem gleich großen Goldwürfel vergleichen können. Aber damit wäre auch die Krone zerstört gewesen. Er mußte also einen anderen Weg finden.

Es wird berichtet, daß er gerade über dieses Problem nachdachte, als er an jenem Tage das Badehaus betrat. Als er sich in die Wanne setzte und bemerkte, daß das Badewasser höher stieg, erkannte er: Sein Körper hatte eine bestimmbare Menge des Wassers in der Wanne verdrängt!

Sofort begriff Archimedes alle Möglichkeiten, die ihm diese Erkenntnis eröffnete. Er eilte nach Hause und begann zu experimentieren. Gleich große Körper, so überlegte er, verdrängen gleiche Wassermengen. Geht man aber vom Gewicht aus, so ist ja ein Würfel von einem Pfund Gold kleiner als ein gleich schwerer Silberwürfel (Gold ist fast doppelt so schwer wie Silber). Er mußte also auch weniger Wasser verdrängen! Dies war seine Hypothese – und seine Versuche bestätigten sie. Dazu benötigte er einen Wasserbehälter und drei gleich schwere Gewichte, nämlich die Krone selbst, ihr Gegengewicht in reinem Gold und dasselbe in reinem Silber. Er stellte fest, daß die Krone mehr Wasser verdrängte als der gleich schwere Goldblock, aber weniger als der Silberblock. Damit war bewiesen, daß die Krone nicht aus reinem Gold bestand – sonst hätte sie ebensoviel Wasser verdrängen müssen wie der Goldblock – sondern daß der betrügerische Goldschmied sie aus einer Mischung von Gold und Silber hergestellt hatte.

Mit Hilfe eines von Archimedes erfundenen Flaschenzuges, dessen Ende am Heck eines Schiffes befestigt war, konnte König Hieron es an Land ziehen und sogar ein wenig aus dem Wasser heben.

Damit hatte Archimedes eines der bedeutendsten Geheimnisse der Natur entdeckt: daß man feste Körper mit Hilfe der Wassermenge, die sie verdrängen, messen kann. Dieses Gesetz des spezifischen Gewichts, heute sagen wir der „Dichte", nennt man das „Archimedische Prinzip". Und noch heute, 23 Jahrhunderte später, sind viele Wissenschaftler bei ihren Berechnungen auf dieses Prinzip angewiesen.

Welches Gesetz entdeckte Archimedes?

Archimedes war einer der wenigen Wissenschaftler seiner Zeit, die Experimente erdachten und ausführten, um ihre Hypothesen zu beweisen. Die meisten Philosophen und Mathematiker jener Zeit begnügten sich damit, großartige Gedankengebäude zur Erklärung der Welt und ihrer Erscheinungen zu ersinnen, ohne sie durch Experimente zu prüfen. Archimedes dagegen war erst zufrieden, wenn er einen Beweis dafür hatte, daß seine Ideen stimmten.

Seine Experimente gipfelten in mehreren bedeutenden Erfindungen. Eine davon war die nach ihm benannte „Archimedische Schraube": Eine korkenzieherartige riesige Schraube steckt in einer genau passenden schrägliegenden Röhre, deren unteres Ende in einen tieferliegenden Graben reicht. Dreht man die Schraube, so zieht sie Wasser hinauf und befördert es auf eine höhere Ebene. Verbesserte Ausführungen dieser Maschine werden heute noch benutzt.

Abenteuerliche Geschichten werden von anderen Maschinen erzählt, die Archimedes erdacht haben soll. So wird berichtet, er habe eine Maschine gebaut, die mit geringstem Kraftaufwand

Mit dieser von Archimedes erfundenen Förderschnecke oder „Archimedischen Schraube" kann man Wasser mühelos schräg nach oben befördern, um zum Beispiel Äcker ohne eigene Wasserzufuhr zu bewässern.

riesige Lasten heben konnte. Um sie vorzuführen, befestigte er das Ende einer Kette am Heck eines schwerbeladenen Schiffes. Er führte die Kette über mehrere Rollen und gab das Ende dem König Hieron in die Hand. Der König zog nun an der Kette, und zu seiner größten Verwunderung konnte er das Schiff zwar langsam, aber ohne größere Anstrengung an das Ufer ziehen. Diese Vorrichtung kennen wir heute als „Flaschenzug".

Warum gilt Archimedes als größter Mathematiker des Altertums?

Die bedeutendsten Leistungen des Archimedes lagen jedoch auf dem Felde der Mathematik. Damals war noch niemand imstande, die Fläche eines Kreises genau zu berechnen. Archimedes fand eine fast genaue Formel zur Berechnung des Kreisinhalts. Er schrieb auch Bücher über die Eigenschaften und Berechnungsmethoden geometrischer Figuren wie des Kegels, der Spirale, der Parabel, der Ebene, der Kugel und des Zylinders. Sein Buch über die Berechnung von Fläche und Inhalt von Kugel und Zylinder hat er selbst für sein bestes Werk gehalten. Überdies entdeckte er Gesetze über die schiefe Ebene, die Schraube, den Hebel und den Schwerpunkt.

Als die Römer im Jahr 212 v. Chr. die Stadt Syrakus eroberten, gab der römische Feldherr Marcellus den Befehl, den berühmten Denker weder zu verletzen noch zu kränken. Dennoch wurde Archimedes ein Opfer der römischen Eroberung: Er wurde von einem betrunkenen römischen Soldaten getötet, als er auf dem Marktplatz gerade über ein mathematisches Problem nachsann. Seine letzten Worte waren angeblich: „Störe meine Kreise nicht!"

So endete das Leben des Archimedes, des größten Wissenschaftlers aller Zeiten.

„Störe meine Kreise nicht", soll Archimedes einem römischen Legionär zugerufen haben, der mit seinen Kameraden Syrakus erobert hatte. Trotz eines Befehls, den großen Denker unversehrt zu lassen, wurde er von dem betrunkenen Soldaten getötet.

9

Die Erde ist der Mittelpunkt der Welt, lehrte der griechische Philosoph Anaximander (611 – 546 v. Chr.); die Sterne, glaubte er, seien die Köpfe goldener Nägel, die in das kristalline Himmelsgewölbe eingeschlagen sind. 2000 Jahre lang stellte man sich das Universum so oder so ähnlich vor. Erst Nikolaus Kopernikus gelang es, dieses Weltbild zu erschüttern. Unser Bild ist ein Holzschnitt aus dem 16. Jahrhundert.

NIKOLAUS KOPERNIKUS (1473–1543)

Wie war das Weltbild des Ptolemäus?

Am frühen Morgen geht die Sonne im Osten auf, am Abend versinkt sie im Westen hinter dem Horizont. Ist sie nun wirklich von Ost nach West über den Himmel gewandert? Dem Augenschein nach ist es so, und die Menschen sahen viele Jahrhunderte hindurch keinen Anlaß, daran zu zweifeln. Sie glaubten, was sie sahen, und hielten die Erde für die Mitte des Weltalls, wie es auch die Bibel lehrt.

Da kam im Jahre 1499 ein junger Mann, 25 Jahre alt, aus der Stadt Thorn im damals königlich polnischen Westpreußen nach Rom. Nikolaus Koppernik hatte an mehreren Universitäten Mathematik und Astronomie, Rechtswissenschaften und Medizin studiert. Er wurde Professor für Astronomie an der römischen Universität und lehrte seine Schüler die

Nikolaus Kopernikus, Mathematiker und Arzt. Kupferstich von Rene Boyvin.

10

überlieferte Himmelskunde, die der griechische Astronom Ptolemäus vor fast 1370 Jahren begründet hatte. „Das Weltall dreht sich von Ost nach West um die Erde" – das war der Kernsatz seiner Theorie.

Aber Kopernikus – so nannte er sich später, indem er seinen Namen lateinisierte – war unzufrieden mit dem, was er selber lehrte. Zu vieles, was er beobachtet hatte, ließ sich damit nicht erklären, und die Theorie selber enthielt Widersprüche. Warum z. B. bewegten sich die Sterne im Vergleich zum Mond schneller als im Vergleich zur Sonne? Warum wanderten einige Sterne offenbar rund um den Himmel?

Kopernikus fand heraus, daß schon vor ihm andere Denker die ptolemäische Theorie angezweifelt, und daß bereits griechische Philosophen vor Ptolemäus die Sonne und nicht die Erde für den Mittelpunkt des Weltalls gehalten hatten. Aber sie konnten keine überzeugenden Beweise für ihre Behauptung bringen; infolgedessen – auch weil sie gut zu der biblischen Schöpfungsgeschichte paßte – war die Theorie des Ptolemäus später von der Kirche für allein richtig erklärt worden.

Was aber, dachte Kopernikus, wenn jene anderen Denker recht hatten? Ließen sich dann nicht viele Fragen beantworten, die ihn bewegten? Er entschloß sich deshalb, sein Lehramt aufzugeben und tiefer in die Wissenschaft der Astronomie einzudringen. Nach einigen weiteren Studienjahren in Italien ging er 1501 in seine Heimat zurück, wo er als Domherr zu Frauenburg in Preußen und als Sekretär und Berater seines Onkels, des Bischofs von Ermland, wirkte.

Als Priester leitete er die Gottesdienste im Dom. Als Arzt sorgte er für die Kranken und Siechen seiner Gemeinde. Als Erfinder ersann er ein Stauwerk mit einer Pumpmühle, durch das aus einem drei Kilometer entfernten Fluß Trinkwas-

Die Sonne mit Protuberanz (Ausstoß leuchtender Gasmassen) und mit ihren Trabanten und deren Monden. Sonne und Planeten sind in ihrer jeweiligen Größe maßstabgerecht dargestellt.

ser in die Stadt geleitet wurde. Als Mathematiker arbeitete er ein neues Münzsystem für Westpreußen und das Königreich Polen aus.

Und damit die Kirche für ihre geheiligten Feste auch die richtigen Zeiten innehalten konnte, berechnete er einen sehr genauen neuen Kalender.

Wie beobachtete Kopernikus den Sternenhimmel?

Alle diese Tätigkeiten hätten bei den meisten Menschen den Einsatz ihrer ganzen Arbeitskraft gefordert. Nicht so bei Kopernikus. Dieser erstaunliche Mann fand neben all diesen Aufgaben noch Zeit für seine Lieblingswissenschaft, die Astronomie. Da das Fernrohr erst lange nach seinem Tode erfunden

11

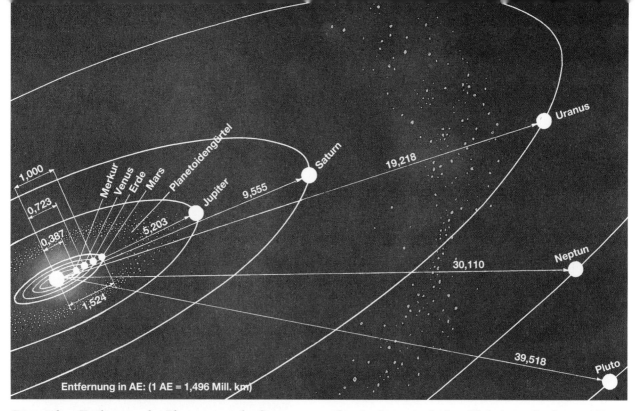

Die mittlere Entfernung der Planeten von der Sonne, angegeben in Astronomischen Einheiten, abgekürzt AE. Ein AE ist der mittlere Abstand der Erde von der Sonne; er beträgt 149,5 Mill. km.

wurde, mußte er sich nur auf seine Augen verlassen, wenn er die Bewegungen der Himmelskörper beobachten wollte. Dazu ließ er Schlitze in das Dach seines Studierzimmers im Turm des Domes schneiden.

Nun konnte er nachts beobachten, wie die Sterne über die Schlitze hinwegzogen. Er verfolgte ihre Bahn am Himmel und stellte die Geschwindigkeit ihrer scheinbaren Bewegung fest.

Stück um Stück trug er die Tatsachen zusammen, die eines Tages das kopernikanische System der Astronomie ausmachen sollte – das System, das heute noch gültig ist.

Fast vierzig Jahre brauchte Kopernikus, um seine Studien zu vollenden. Als er sie abschloß, hatte er bewiesen, daß das Weltbild des Ptolemäus falsch war. Die Sonne und die anderen Sterne umkreisen die Erde nur scheinbar. In Wirklichkeit, so bewies Kopernikus, ist die Sonne die Mitte unserer Welt, und die Erde umkreist sie ebenso, wie er es bei einigen anderen großen Himmelskörpern beobachtet hatte. Er nannte sie Planeten, nach einem griechischen Wort, das „Wanderer" bedeutet.

Kopernikus hatte – außer der Erde – fünf solche Wandersterne gefunden: Merkur, Venus, Mars, Jupiter und Saturn. Erst viel später wurden noch drei weitere entdeckt: Uranus, Neptun und Pluto. Die insgesamt neun Planeten bilden mit der Sonne unser „Sonnensystem".

Wie viele Planeten umkreisen die Sonne?

Einer der entscheidendsten Sätze der Theorie des Kopernikus lautet: Während die Erde einmal im Jahr die Sonne umrundet, dreht sie sich zugleich 365mal um ihre eigene Achse. Wo sie der Sonne zugekehrt ist, haben wir Tag, auf dem der Sonne abgewandten Teil ist Nacht. Eine Umdrehung dauert 24 Stunden.

Und was hat es mit dem Mond auf sich? In diesem Punkte mußte Kopernikus Ptolemäus gelten lassen: Der Mond kreist wirklich um die Erde, während diese um die Sonne wandert; und als Trabant der Erde umkreist der Mond mit ihr die Sonne.

Die Theorie des Kopernikus umfaßt weit mehr als diese beiden Grundtatsachen. Sie stellte schwerwiegende Irrtümer richtig, die man jahrhundertelang hingenommen hatte.

Kopernikus verfaßte Bücher, in denen er über seine Entdeckung berichtete, aber jahrelang hielt er sie verschlossen in seinem Schreibtisch. Er wußte, daß die Leute über seine „neumodischen Ideen" lachen und ihn selbst für verrückt halten würden. Er wußte auch, daß die Kirche mit der alten ptolemäischen Theorie übereinstimmte, und als Geistlicher wollte er sich nicht mit ihr überwerfen.

Erst 1543, als er alt und schon dem Tode nahe war, entschloß er sich endlich, sein Werk, sechs Bände, zu veröffentlichen. Er nannte sie „De revolutionibus orbium coelestium libri", d. h. „Die Bücher von den Umläufen der Himmelswelten".

Eine gedruckte Ausgabe seines Werkes erreichte ihn noch auf dem Krankenlager kurz vor seinem Tode. Da er schon über siebzig Jahre alt war, gelähmt und fast blind, ist es zweifelhaft, ob er das große gedruckte Werk überhaupt noch gesehen hat, für dessen Zustandekommen er sein Leben lang gearbeitet hatte. Kopernikus starb, ohne zu wissen, welch unschätzbaren Dienst er der Menschheit erwiesen hatte. Erst 150 Jahre später setzten sich seine Ideen endgültig durch. Heute, mehr als vier Jahrhunderte nach seinem Tode, gilt er als einer der ganz Großen im Reiche der Wissenschaft.

GALILEO GALILEI (1564–1642)

Wie entdeckte Galileo Galilei das Pendelgesetz?

Im Jahre 1583 kniete ein Student im Dom der italienischen Stadt Pisa; er hieß Galileo Galilei. Ein Kirchendiener hatte gerade eine der herabhängenden Öllampen angezündet; Galilei blickte auf und sah, wie sie an ihrer langen Kette hin- und herschwang. Dabei fiel ihm auf, daß, obwohl die Schwingungsbögen von Mal zu Mal kürzer wurden, die Schwingungszeiten immer gleich blieben.

Die meisten Menschen würden an dieser Beobachtung nichts Besonderes gefunden haben; aber Galilei besaß den forschenden Geist eines Wissenschaftlers. Er führte nun eine Reihe von Experimenten aus, indem er Gewichte an einer Leine befestigte und sie hin- und herschwingen ließ.

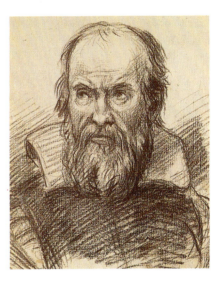

Galileo Galilei, Physiker und Astronom. Zeichnung von Guido Reni (1575–1642).

Damals gab es noch keine genau gehenden Uhren mit Sekundenzeigern, und so benutzte Galilei den eigenen Pulsschlag, um die Bewegungen der schwingenden Gewichte zu messen. Er fand seine Beobachtungen aus dem Dom zu Pisa bestätigt: Obwohl die

13

Schwingungsbögen von Mal zu Mal kürzer wurden, nahm doch jeder die gleiche Zeit in Anspruch. Damit hatte Galilei das „Pendelgesetz" entdeckt.

Später fanden andere Forscher heraus, daß bei genauester Messung jeder Schwingungsbogen tatsächlich etwas weniger Zeit braucht als der vorhergehende, weil durch den kürzeren Weg auch der Luftwiderstand um eine Winzigkeit geringer wird.

Dennoch wird Galileis Pendelgesetz noch heute auf vielfache Weise benutzt, z. B. um die Bewegungen der Sterne zu messen oder den Gang von Uhren zu kontrollieren. Seine Versuche über das Pendel waren der Anfang der modernen Dynamik, einer Wissenschaft, die sich mit den Gesetzen der Bewegung und der sie verursachenden Kräfte befaßt.

1588 erwarb Galilei an der Universität von Pisa den Doktortitel und blieb dort, um Mathematik zu lehren. Mit 25 Jahren machte er eine zweite große wissenschaftliche Entdeckung – eine Entdeckung, die eine zweitausendjährige Überlieferung umwarf und ihm viele Feinde einbrachte.

Wie bewies Galilei den Irrtum des Aristoteles?

Damals gründete sich der größte Teil aller Wissenschaften auf den Theorien des griechischen Philosophen Aristoteles, der im vierten Jahrhundert vor Christi gelebt hatte. Sein Werk galt als die Quelle aller Wissenschaft. Jeder, der eine der vielen Regeln des Aristoteles anzweifelte, wurde nicht für voll genommen.

Unter anderem hatte Aristoteles behauptet, daß schwere Gegenstände schneller fallen als leichte. Galilei behauptete nun, das sei falsch. Um das zu beweisen, lud er angeblich seine Professoren-Kollegen ein, mit ihm auf die oberste Galerie des schiefen Turmes von Pisa zu steigen. Galilei nahm eine Kanonenkugel von zehn Pfund und eine zweite von einem Pfund Gewicht mit hinauf und ließ beide zu gleicher Zeit fallen. Zu jedermanns größter Überraschung schlugen beide Kugeln gleichzeitig auf dem Boden auf.

Damit hatte Galilei ein wichtiges physikalisches Gesetz gefunden: Die Geschwindigkeit fallender Körper ist unabhängig von ihrem Gewicht.

Aber seine Kollegen wollten nicht glauben, was sie doch mit eigenen Augen gesehen hatten! Sie behaupteten, er sei im Irrtum, und fuhren fort, die alte Theorie des Aristoteles zu lehren. Sie kritisierten Galilei und erreichten sogar, daß er die Universität verlassen mußte.

Glücklicherweise hatte er Freunde, die ihm weiterhalfen, und so bekam er 1592 einen Lehrstuhl an der Universität von Padua. Dort konnte er seine Experimente fortsetzen, ohne kritisiert zu werden. In Padua erarbeitete Galilei eine ganze

Bei seinem Versuch auf dem schiefen Turm von Pisa mit zwei verschieden schweren Kugeln bewies Galilei, daß die Fallgeschwindigkeit eines Körpers nicht von seinem Gewicht abhängt.

Reihe neuer wissenschaftlicher Theorien und Erfindungen. Er entdeckte erneut das Thermometer, das schon im 3. Jahrhundert von dem Griechen Philo von Byzanz erfunden wurde, aber dann in Vergessenheit geraten war.

Die bedeutendste seiner Erfindungen war ein Fernrohr – zwar nicht das erste überhaupt, aber das weitaus beste, das damals hergestellt wurde.

Was entdeckte Galilei mit seinem Fernrohr?

Es ließ entfernte Gegenstände 33mal größer erscheinen, als sie das unbewaffnete Auge wahrnehmen konnte. Galilei war einer der ersten Menschen, die den Himmel systematisch mit dem Fernrohr studierten. Er entdeckte, daß die Sonne Flecken hatte, er erkannte auf der Mondoberfläche Gebirge, tiefe Täler und große Ebenen. Er sah auch, daß der Mond und die Planeten nicht selbst leuchteten, sondern nur das Licht der Sonne zurückstrahlten. Er fand, daß die Milchstraße aus Millionen winziger Sterne bestand und entdeckte vier der 14 Monde, die den Jupiter umkreisen.

Diese Beobachtungen und Studien brachten ihn dazu, die alten Theorien zu verwerfen, nach denen die Erde Mitte des Weltalls war und Sonne und Sterne um sie kreisten. Fast ein halbes Jahrhundert vorher hatte Kopernikus sein großes Werk veröffentlicht, in dem er bewies, daß die Sonne die Mitte unseres Sternensystems ist, und daß die Erde und die Planeten sie umkreisen. Diese kopernikanische Theorie war von der Kirche verdammt worden und schon fast vergessen, als Galilei öffentlich erklärte, daß sie richtig sei und er damit übereinstimme. Galileis Erklärung erregte wütenden Protest; erzürnte Würdenträger der katholischen Kirche verdammten die Theorie des Kopernikus aufs neue.

Mit diesen selbstgebauten Fernrohren entdeckte Galilei auf dem Mond Berge und Täler.

Warum kam Galilei vor ein Kirchengericht?

In einem Prozeß der Inquisition zu Rom wurde Galilei 1616 zum Schweigen verurteilt. Er mußte dem Papst Paul V. schwören, die Lehre des Kopernikus nicht mehr anzuerkennen, zu lehren oder zu verteidigen. Gegen seine Überzeugung schwor er ab, und kehrte als unglücklicher, mit sich selbst zerfallener Mensch in sein Haus zurück.

Weil er jedoch ein Wissenschaftler war, dem Wahrheit das Wichtigste auf der Welt ist, hielt er das ihm auferlegte Schweigen nicht lange aus. 1632 gab er ein Buch heraus, in dem er die Theorie des Kopernikus im einzelnen erläuterte und wieder erklärte, sie sei richtig.

Nun geriet Galilei in größte Bedrängnis. Fast 70 Jahre alt und schwerkrank, mußte er 1633 wiederum nach Rom kommen und sich vor der Inquisition, dem höchsten Gericht der Kirche gegen Abtrünnige und Glaubensfeinde, verantworten. Er hatte, so der Vorwurf, den Geboten der Kirche getrotzt und sie herausgefordert. Das galt damals als

Von der Inquisition zu Rom, einem katholischen Gericht zur Bestrafung von Ketzern, wurde Galilei 1616 und 1633 verurteilt, nicht weiter zu behaupten, daß die Erde um die Sonne kreist. Dennoch blieb er dieser Überzeugung bis zu seinem Tode treu. (Gemälde von Barabino, Mitte des 19. Jahrhunderts).

schweres Verbrechen; schon wegen weit geringer Verfehlungen waren Menschen auf dem Scheiterhaufen verbrannt worden.

Anfangs erklärte Galilei sich für unschuldig. Aber unter Androhung der Folter gab er nach und erklärte, er habe sich schuldhaft geirrt, als er behauptete, daß die Erde um die Sonne kreise. Er bat um Vergebung für seinen Irrtum.

Die Inquisition hätte Galilei mit Gefängnis, mit der Tortur, einer grausamen Folterung, oder sogar mit dem Tode bestrafen können. Dem großen Wissenschaftler gegenüber ließ sie aber erstaunliche Milde walten. Anstelle einer Todesstrafe verurteilte sie ihn, den Rest seines Lebens als Gefangener in seinem eigenen Haus zu verbringen. Es wurde ihm verboten, Experimente zu machen oder neue Bücher zu schreiben.

Aber Galilei blieb bis an sein Ende ungehorsam gegen die Obrigkeit. Er experimentierte heimlich weiter und schrieb noch zwei bedeutende Bücher, bevor er 1642 in Arcetri bei Florenz starb. Seine Werke wurden erst 1835 von der katholischen Kirche vom Index, der Liste der verbotenen Bücher, gestrichen.

Heute verehren wir Galilei als mutigen Forscher, dem die Menschheit viel verdankt. Er zeigte der Welt, daß ein Wissenschaftler die Freiheit haben muß, alte Lehren zu verwerfen und neue anzunehmen, und daß er nicht durch Glaubensgebote oder Überlieferungen gefesselt werden darf.

Das Grabmal des Galileo Galilei in Florenz

ISAAC NEWTON (1643–1727)

Warum fällt ein Apfel nach unten und nicht nach oben?

Eines schönen Sommertages – und diese Geschichte ist historisch verbürgt – saß der junge Engländer Isaac Newton unter einem Apfelbaum. Ein Apfel fiel vom Baum und hätte ihn fast am Kopf getroffen. Für Newton wurde das zum Anlaß, über dies zufällige Ereignis nachzudenken. Warum fiel der Apfel nach unten und nicht nach oben? Und wenn Äpfel und andere Dinge nach unten fallen, warum fällt dann nicht auch der Mond herunter auf die Erde?

Als Newton mehrere Jahre später die Antwort auf diese Frage geben konnte, hatte er ein physikalisches Gesetz gefunden, das das Weltall regiert: das Gesetz von der Schwerkraft.

Er studierte damals im vierten Jahr an der Cambridge Universität in England. Aber weil in London die Pest wütete und Tausende dahinraffte, wurden alle Schulen geschlossen, und Newton ging auf das Landgut seiner Mutter.

In den nun folgenden 18 Monaten brachte er mehr zustande, als andere Wissenschaftler in ihrem ganzen Leben. Er begann, das Gesetz von der Schwerkraft auszubauen. Er fand das „Kalkül", ein System von Zeichen und Regeln für die Ausführung mathematischer Rechnungen. Er studierte das Licht und seine Farben. Er entdeckte die Ursache von Ebbe und Flut. Er erkannte und formulierte bestimmte Gesetze und Bewegungen, die später zur Grundlage der Wissenschaft von der Mechanik wurden. So ist es nicht verwunderlich, daß man Newton oft „das größte Genie aller Zeiten" nannte.

Aber kommen wir noch einmal auf den fallenden Apfel zurück: Die Wissenschaftler der alten Griechen führten die Tatsache, daß Gegenstände zur Erde fallen, auf das Wirken einer geheimnisvollen Kraft der Erde zurück, die sie ohne nähere Erklärung „Schwerkraft" oder

Weil ihm angeblich einmal fast ein Apfel auf den Kopf gefallen wäre, soll der junge Newton begonnen haben, sich zu fragen: Warum fiel der Apfel nach unten und nicht nach oben? Und warum fällt der Mond nicht auf die Erde? Diese Überlegungen führten ihn Jahre später zur Entdeckung des Gesetzes der Schwerkraft.

17

Gravitation nannten. Newton gab sich mit dieser Erklärung nicht zufrieden. Er stellte fest, daß nicht nur die Erde eine solche Schwerkraft besaß, sondern daß sie allen Körpern eigen ist.

Was ist Schwerkraft?

Der Zug der irdischen Schwerkraft läßt uns zu Boden fallen, wenn wir stolpern, und hindert uns daran, beim Spazierengehen hohe Luftsprünge zu machen. Die Schwerkraft der Sonne bindet die Erde und hindert sie daran, ihre Bahn um die Sonne zu verlassen. Newton formulierte das später so: „Je-

Isaac Newton, britischer Mathematiker und Astronom, nach einem Gemälde von Godfrey Kneller aus dem Jahr 1702.

des Teilchen Materie im gesamten Weltraum wird von jedem anderen Teilchen Materie angezogen." Er stellte weiter fest, daß die ganze Welt von dieser Kraft zusammengehalten wird, und daß die Stärke dieser Kraft von der Größe der Teile oder Teilchen abhängt und von dem Abstand, der sie voneinander trennt. Die Stärke der Schwerkraft konnte er mit Hilfe seiner mathematischen Formel genau berechnen.
Nachdem Newton diese grundlegenden Tatsachen entdeckt hatte, gab es in allen Naturwissenschaften große Fortschritte. Die Astronomen konnten nun das Gewicht der Sonne und der Planeten bestimmen und ihre Bahnen genau

berechnen. Seit man wußte, daß Mond und Sonne die Gezeiten der Weltmeere verursachten, konnte man auch Ebbe und Flut zeitlich weit voraus berechnen. Da die Bewegungen aller Dinge von der Schwerkraft bestimmt werden, glaubte Newton, daß er die Gesetze der Schwerkraft nicht gut erklären könnte, wenn er nicht auch erklärte, was eigentlich Bewegung ist. So erforschte er auch die Gesetze der Bewegung und faßte sie in mathematische Formeln, nach denen ruhende, bewegende und bremsende Kräfte, Bewegungsrichtungen und Bewegungsabläufe berechnet werden können.

Woraus besteht weißes Licht?

Noch während des unfreiwilligen Urlaubs auf dem Landgut seiner Mutter wandte er sein Interesse dem Geheimnis des Lichtes zu.
Einmal nahm er ein Prisma zur Hand und ließ einen Sonnenstrahl hindurchscheinen. Er entdeckte dabei, daß weißes Licht bei seinem Eintritt in das Glas abgelenkt und in sieben verschiedenfarbige Strahlen zerlegt wird. Es sind die Farben des Regenbogens, die man „Spektrum" nennt: Rot, Orange, Gelb, Grün, Blau, Dunkelblau und Violett.
Alle diese Entdeckungen machte er in einem Zeitraum von 18 Monaten. Aber er veröffentlichte sie nicht sofort, denn es waren noch viele Einzelheiten zu überprüfen und zu formulieren.
Als endlich die Pest erloschen war, ging er nach London zurück, um sein Studium zu beenden. Er verbrachte noch drei weitere Jahre damit, die Natur des Lichtes zu untersuchen. Dabei machte er weitere Entdeckungen, die für die Wissenschaft der Optik, die sich mit dem Licht und dem Sehen befaßt, von großer Bedeutung waren. Die unterschiedlichen Wölbungen der Linsen für

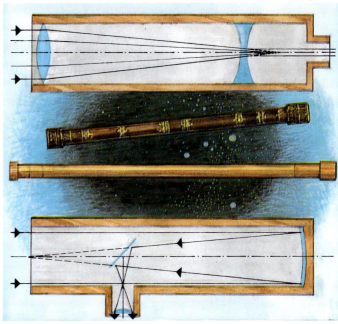

Das Foto links zeigt das 15 cm lange Spiegelfernrohr von Isaac Newton. Rechts: Das obere Bild zeigt den Strahlengang in einem Galileischen Fernrohr, darunter der Strahlengang in Newtons Teleskop. Das Licht tritt links ein, wird rechts von einem Spiegel gesammelt, zurückgeworfen und von einem weiteren Spiegel zum Okular umgelenkt. Unten: Das Spiegelteleskop der Sternwarte Mount Palomar in Kalifornien.

Brillen, Fernrohre und Mikroskope konnten von nun an genau berechnet werden. Er baute auch das erste Spiegelteleskop. Bei diesem werden die Lichtstrahlen mit Hilfe eines Hohlspiegels reflektiert und ergeben ein besseres Bild als ein Fernrohr, bei dem die Lichtstrahlen eine Glaslinse durchlaufen. Newtons Teleskop hatte einen Spiegel von einem Zoll Durchmesser (etwa 2 1/2 cm). Auch das Spiegelteleskop der Sternwarte Mount Palomar in Kalifornien, dessen Spiegel einen Durchmesser von fünf Metern hat, ist nach Newtons Grundsätzen konstruiert worden.

Später wandte sich der große Forscher wieder seinem Lieblingsgebiet zu, dem Studium und der Erforschung der Schwerkraft und der Bewegung. Fast 20 Jahre lang prüfte, festigte und verbesserte er seine Theorie.

Erst 1687, im Alter von 45 Jahren, veröffentlichte er sein „Gesetz der Gravitation" und die drei Gesetze der Bewegung in seinem in lateinischer Sprache geschriebenen Buch „Principia". Dieses

Buch brachte soviel neue wissenschaftliche Erkenntnisse, daß es die Vorstellungen der Menschen über die Natur der Welt auf neue Grundlage stellte.

Als öffentliche Würdigung seiner Leistungen betraute ihn die britische Regierung mit einem hohen Staatsamt, und im Jahre 1700 wurde er zum

Schatzmeister der Krone ernannt, ein Amt, das er bis an sein Lebensende behielt. Im gleichen Jahre wurde er zum Mitglied der französischen Akademie der Wissenschaften gewählt.

Im Jahre 1703 wurde er Präsident der „British Royal Society", der königlichen Gesellschaft der Wissenschaften, und 1705 wurde er als erster britischer Wissenschaftler in den Adelsstand erhoben. Newton wurde 85 Jahre alt. Er liegt in der Westminster Abbey in London begraben.

Um den großen Wissenschaftler zu ehren, wird die Einheit der Kraft „N" (Newton) genannt. Ein N ist die Kraft, die man braucht, um 1 kg aus der Ruhe auf die Geschwindigkeit 1 m/s zu beschleunigen.

MICHAEL FARADAY (1791–1867)

Was wären wir heute ohne die Elektrizität? Wir brauchen uns nur zu Hause umzusehen, um zu erkennen, welche allgegenwärtige Bedeutung sie für uns hat: das elektrische Licht, der Kühlschrank, das Radio, der Fernseher, der Computer – man könnte noch viele Dinge aufzählen, die uns in fast unglaublichem Ausmaß das Leben erleichtern. Alle diese Erfindungen beruhen auf den Entdeckungen Michael Faradays, des Pioniers der Elektrizität.

Woher kommt der Name „Elektrizität"?

Schon die alten Griechen wußten, daß es rätselhaft knisternde Funken gibt, wenn man ein Stück Elektron (griech. = Bernstein) reibt. (Daher kommt der Name Elektrizität.) Die alten Griechen haben dieser Erscheinung jedoch keine Aufmerksamkeit geschenkt.

1752 versuchte der amerikanische Erfinder Benjamin Franklin sein berühmtes Experiment mit dem Drachen, den er in eine Gewitterwolke steigen ließ. Als sich ein Blitz mit einem kurzen Stromstoß durch die Drachenschnur entlud, war bewiesen, daß er eine elektrische Erscheinung ist. Im Jahre 1800 erfand der italienische Forscher Alessandro Volta die erste elektrische Batterie, die einen beständig fließenden elektrischen Strom erzeugte. Aber erst der Engländer Michael Faraday machte die Elektrizität nutzbar und ließ sie arbeiten.

Michael Faraday war der Sohn eines Grobschmiedes. Sein Vater war zu arm, um ihn auf ein Gymnasium zu schicken; so wurde Michael Gehilfe bei einem

Der britische Physiker und Chemiker Michael Faraday im Labor des Royal Institute zu London. Dort war er anfangs nur mit einfachen Aufgaben betraut.

Buchhändler. Dort begann er alle wissenschaftlichen Bücher zu lesen, die er nur finden konnte.

Als er 21 Jahre alt war, hörte er eine Reihe von Vorlesungen bei dem berühmten Chemiker Sir Humphry Davy. Michael machte sich Notizen, arbeitete sie sorgfältig aus und schickte sie dann an Sir Humphry.

Dem Chemiker gefielen Sauberkeit und Genauigkeit der Ausarbeitungen so gut, daß er dem jungen Mann eine Anstellung als Assistent in seinem Laboratorium anbot.

Zuerst hatte Faraday nur untergeordnete Tätigkeiten auszuführen, wie Flaschen reinigen und das Laboratorium säubern. Aber er hielt stets Augen und Ohren offen, und wenn sich eine Gelegenheit bot, experimentierte er auf eigene Faust.

Sein besonderes Interesse galt der Elektrizität. Es war bereits bekannt, daß ein elektrischer Strom, den man durch bestimmte Flüssigkeiten leitet, diese in die Elemente aufspaltet, aus denen sie zusammengesetzt sind. So kann ein elektrischer Strom Wasser in zwei gasförmige Stoffe, Sauerstoff und Wasserstoff, zerlegen. Läßt man einen elektrischen Strom durch eine Silbernitrat-Lösung fließen, setzt sich reines Silber ab. Diese Vorgänge nennt man Elektrolyse.

Faraday machte viele derartige Experimente. Er entwickelte daraus eine Formel für den Vorgang der Elektrolyse: Die Menge des zersetzten Stoffes steht immer in einem bestimmten Verhältnis zur Menge der benutzten Elektrizität. Man nennt die Formel heute das Faradaysche Gesetz der Elektrolyse.

Was ist eine Elektrolyse?

Nach seinen Erfolgen auf dem Gebiet der Elektrizität bekam Faraday ein eigenes Labor. Im Vordergrund links steht Faradays erster Generator: Wenn man eine zwischen den Polen eines Hufeisenmagneten aufgehängte Kupferscheibe mit einer Handkurbel dreht, entsteht in der Scheibe elektrischer Strom.

1821 baute Faraday den ersten Elektromotor. Es war noch ein sehr einfacher Motor, der zu schwach war, um irgendwelche Arbeit zu leisten; aber es war eine großartige Erfindung, die eines Tages, verbessert und weiterentwickelt, mächtige Maschinen für alle nur denkbaren Arbeitsvorgänge antreiben sollte. Die wissenschaftliche Welt begann, auf Faraday aufmerksam zu werden, und er gewann großes Ansehen. 1824 wurde er in London zum Professor des Königlichen Instituts ernannt.

1831 kehrte Faraday den Vorgang um,

mit dem er den ersten Elektromotor in Gang gesetzt hatte. Damals hatte er die Elektrizität benutzt, um Bewegung zu erzeugen; jetzt wollte er die Bewegung zur Erzeugung von Elektrizität benutzen.

Auf diese Idee kam er, als er Versuche mit Magneten anstellte. Das sind Metallstücke, die die Eigenschaft haben, bestimmte andere Metalle anzuziehen. Magnete können aus Stahl, Eisen, Kobalt, Vanadium oder Nickel bestehen. Faradays Magnet war aus Eisen. Die magnetische Kraft eines Magneten erstreckt sich unsichtbar auch auf den ihn umgebenden Raum, den man „Magnetfeld" oder „Kraftfeld" nennt.

Speicherwerk Geesthacht an der Elbe. Das in den Rohren herabstürzende Wasser treibt drei Turbinen an, die über drei Generatoren Strom erzeugen.

Faraday entdeckte, wie man Strom erzeugen konnte:

Wie entsteht elektrischer Strom?

Wenn er zum Beispiel ein Stück Kupfer mit hoher Geschwindigkeit immer wieder durch ein magnetisches Kraftfeld führte, entstand in dem Kupfer ein stetig fließender elektrischer Strom.

Faradays erster „Generator", d. h. Stromerzeuger, bestand aus einer kupfernen Scheibe, die zwischen den beiden Enden eines hufeisenförmigen Magneten aufgehängt war und mit einer Handkurbel gedreht wurde. Wenn sie schnell im Magnetfeld rotierte, entstand Elektrizität, die auf dem Wege über ein Paar kupferne Drähte abgeleitet wurde. Nach diesem Prinzip wird heute überall der elektrische Strom erzeugt.

Michael Faraday führte noch viele andere Experimente durch und machte eine Reihe anderer bedeutender Erfindungen. Aber vor allem ist sein Name verbunden mit der Entdeckung der Elektrizität als Energiequelle und der Erfindung des Generators zur Erzeugung elektrischen Stromes.

Ein Blitz von 200 000 Volt schlägt in das Autodach — aber der Fahrer bleibt unversehrt. Die Außenhaut des Fahrzeuges, eine allseitig geschlossene Hülle aus Metall, stellt einen sogenannten „Faraday-Käfig" dar, in den kein Kraftfeld, also auch kein Blitz eindringen kann. Auch Flugzeug-Rümpfe sind Faraday-Käfige.

Bei seiner Landung auf Galapagos stieß Darwin auf Drusenköpfe. Das sind gefährlich aussehende, aber völlig harmlose bis 1 m lange Pflanzenfresser, die es nur auf den Galapagosinseln gibt.

CHARLES DARWIN (1809–1882)

Warum ging Charles Darwin mit der „Beagle" auf Weltreise?

An einem kalten, windigen Tage im Dezember des Jahres 1831 verließ ein altes Segelschiff, die „Beagle", den englischen Hafen Portsmouth. An Bord befand sich in einer winzigen Kabine ein 22jähriger englischer Student namens Charles Darwin. Die „Beagle" lief im Auftrage der britischen Regierung zu einer auf fünf Jahre berechneten wissenschaftlichen Expedition aus, um die Küsten und Inseln Südamerikas, Australiens und Neuseelands zu vermessen und neue genaue Seekarten herzustellen.

Darwin fuhr als unbezahlter Assistent mit. Er wollte die Pflanzen und Tiere der Gebiete, die sie anlaufen würden, studieren. Das Leben an Bord des überfüllten Segelschiffes war sehr hart, das Essen schrecklich. Darwin war fast ständig seekrank. Richtig wohl fühlte er sich nur, wenn die „Beagle" irgendwo anlegte und er an Land gehen konnte, um Pflanzen, Steine, Insekten und Kleintiere zu sammeln. Da die „Beagle" an Bord keinen Platz dafür hatte, mußte er diese in Kisten und Körbe verpacken und nach England zurückschicken.

Nach seiner Rückkehr lebte Darwin bis zu seinem Tode auf seinem Landsitz in Südengland. Wie schon auf der Seerei-

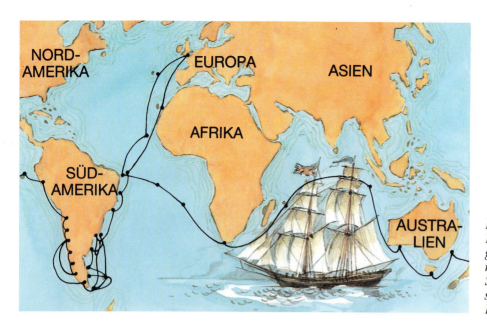

Fünf Jahre lang segelte Darwin mit der „Beagle" über alle Weltmeere. Dabei stellte er neue Seekarten her und studierte Tausende von Pflanzen und Tieren.

se galt auch weiterhin seine ganze Forschungsarbeit einer einzigen Frage: Wie entstanden die vielen verschiedenen Arten und Rassen der Lebewesen?

Zu Darwins Zeit glaubte man allgemein, daß die Erde mit allem, was darauf lebte, erst vor einigen Jahrtausenden erschaffen worden sei. Ebenso hielt man es auch für selbstverständlich, daß sich seit dem Schöpfungstag nichts wesentliches verändert habe.

Was ist Evolution?

Einige Wissenschaftler jedoch hielten diese „Spezielle Schöpfungstheorie" für falsch. Anfänglich, so behaupteten sie, hätten nur wenige einfache Formen lebender Wesen existiert, und alle heute lebenden Pflanzen und Tiere stammten von ihnen ab. Im Lauf von undenkbar langen Zeiträumen seien sie durch erbliche Änderungen entstanden. Diesen Vorgang nannten sie „Evolution", Entwicklung.

Diese Theorie schien Darwin einleuchtend. Aber als echter Wissenschaftler konnte er keine Theorie anerkennen, die nicht auf Beweisen aufgebaut war. Und so sammelte er Beweise, 23 Jahre lang.

Er studierte Tausende von Pflanzen und Tieren, die er während seiner langen Seereise und später gesammelt hatte. Konnte die endlose Vielfalt von Gestalten und Formen bereits seit dem Schöpfungstage auf der Erde leben? Warum fand man eine Art nur in kaltem, eine andere nur in warmem Klima? Und woher kamen dann die Fossilien, die er ausgegraben oder gefunden hatte, Skelette und Abdrücke seltener Pflanzen und Tiere, die vor Jahrtausenden einmal gelebt haben mußten? Warum lebte heute nichts mehr, das ihnen ähnlich war?

Um auf diese Frage beweisbare Antworten zu finden, studierte Darwin die Experimente, die andere vor ihm gemacht hatten. Er trug alle erreichbaren Infor-

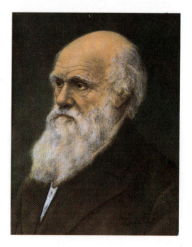

Der britische Naturforscher Charles Darwin entwickelte eine Theorie über Artbildung und Artumwandlung.

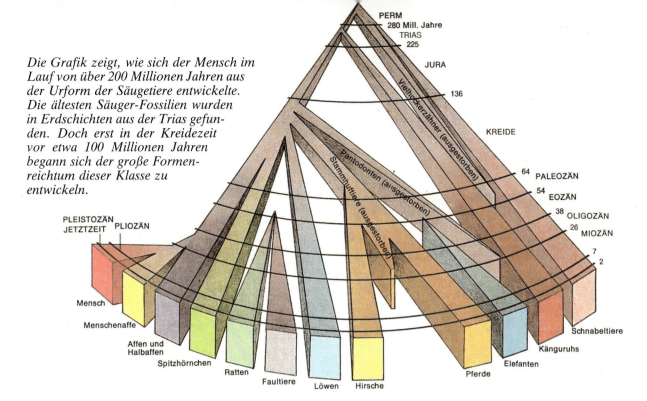

Die Grafik zeigt, wie sich der Mensch im Lauf von über 200 Millionen Jahren aus der Urform der Säugetiere entwickelte. Die ältesten Säuger-Fossilien wurden in Erdschichten aus der Trias gefunden. Doch erst in der Kreidezeit vor etwa 100 Millionen Jahren begann sich der große Formenreichtum dieser Klasse zu entwickeln.

mationen über Pflanzen und Tiere zusammen – wo sie lebten, wie sie sich vermehrten, wie sie sich den Klimazonen und ihren verschiedenen Lebensbedingungen anpaßten. Viele Experimente stellte er auch selber an, er züchtete Pinguine, Eidechsen und Bienen.

Er fand, daß einzelne Tiere oder Pflanzen gelegentlich von ihren Artgenossen in dieser oder jener Eigenschaft abwichen und daß man diese Abweichungen durch Auswahl in der Zucht festigen und zu einer besonderen Art weiterführen konnte. Ähnliche Abweichungen, so vermutete er, könnten auch in der Natur vorkommen und zur Bildung neuer Arten führen.

Wie entstehen neue Arten?

1859 war Darwin überzeugt, genügend Beweise für die Evolutionstheorie beigebracht zu haben. Er stellte sie in einem Buch zusammen, unter dem Titel: „Der Ursprung der Arten durch natürliche Auslese" (1859).

In diesem Buch behauptete Darwin, daß es keine spezielle Schöpfung gegeben habe. Pflanzen, Tiere und Menschen stammten von Vorfahren ab, die ihnen um so weniger glichen oder ähnelten, je weiter sie von der Gegenwart entfernt gelebt hatten. Millionen von Jahren hindurch hatten sich von vorhandenen Lebewesen immer wieder Abarten gebildet, aus denen sich in unendlich langen Zeiträumen neue Arten entwickelten und die alten Formen verdrängten.

Ähnliches hatten zwar schon andere vor ihm behauptet. Aber nun wurden zum ersten Male Beweise erbracht.

Darwins Buch wurde all jenen ein Ärgernis, denen die biblische Schöpfungsgeschichte und die Theorie der göttlichen Schöpfung als unantastbarer Glaubenssatz galt. Dazu kam noch eine These, die vielleicht ein noch größeres Ärgernis war: die These vom „Überleben der Tauglichsten".

Darwin bewies darin, daß alle Lebewesen viel mehr Nachkommenschaft erzeugen, als die Natur ernähren kann. Die Nachkommenschaft eines einzigen Elefantenpaares zum Beispiel würde sich unter normalen Verhältnissen in 750 Jahren auf 19 Millionen Elefanten belaufen! Ein anderes Beispiel: Eine

In seinem Studierzimmer erarbeitete sich Darwin seine Theorie mit vielen Experimenten.

Bakterie kann sich an einem einzigen Tage auf eine Million Bakterien vermehren, und diese eine Million des ersten Tages würde am zweiten Tage auf Billionen anwachsen. Wenn sie alle am Leben blieben, würde bald alles andere Leben von ihnen erstickt.

Darwin stellte fest, daß es weder genug Nahrung noch genügend Wasser gibt, um alles am Leben zu erhalten, was geboren wird. Die Natur selbst beschränkt die Zahl der Lebewesen jeder Art, indem sie sie durch Krankheit, Hungersnot, Stürme, Unfälle und natürliche Feinde angreifen und vernichten läßt, so daß nur die Kräftigsten, Tüchtigsten und Anpassungsfähigsten überleben. Diese zeichnen sich durch irgend-

Was bewirkt die natürliche Auslese?

einen Vorzug aus. Vielleicht haben sie bessere Augen, schnellere Beine oder schärfere Zähne. Ihre Vorzüge vererben sie ihren Nachkommen, und so ist ständig eine langsame, schrittweise bessere Anpassung an die Umwelt im Gange. So sind z. B. vor Millionen von Jahren die Zehennägel der Vorfahren unserer Pferde zu Hufen geworden. Einige Fische entwickelten neue Atmungsorgane, die es ihnen ermöglichten, auch außerhalb des Wassers zu atmen; sie erwarben weitere neue Eigenschaften und wurden Vorfahren unserer Molche und Frösche. Auch die Kriechtiere – Eidechsen, Krokodile, Schlangen – haben fischartige Vorfahren.

In dieser Theorie sah sich Darwin in seiner engsten Umgebung, auf dem Lande, bestätigt: Tierzüchter konnten innerhalb relativ kurzer Zeit neue Haustier-Rassen entstehen lassen, indem sie Tiere miteinander kreuzten, die die gewünschten Eigenschaften in besonders starkem Maße hatten. Diese Eigenschaften wurden schließlich weiter vererbt – durch die Auslese war eine neue Rasse entstanden.

Wo fand Darwin eine Bestätigung seiner Theorie?

Einen solchen Aufruhr hatte es seit Galileis Erklärung, daß die Erde um die Sonne kreist, nicht mehr gegeben. Während die einen Darwin für ein Genie hielten und ihn zum „Newton der Biologie" erklärten, nannten ihn die anderen einen großen Sünder, der Gottes Wort in der Bibel leugnet.

Darwin hielt sich aus diesem Streit heraus. Er blieb im Hause und arbeitete an einem neuen Buch „Die Abstammung des Menschen". Es erschien 1871 und erregte die Welt aufs neue. Diesmal stellte Darwin fest, daß Menschen und Menschenaffen miteinander nahe verwandt sind und gemeinsam von unbekannten Vorfahren abstammen, die vor Millionen Jahren auf der Erde lebten, als es noch keine Menschen oder Menschenaffen gab. Wieder gab es wilde Proteste und unsinnige Beschuldigungen, in Europa sowohl wie in Amerika. Mancherorts wurden seine Bücher verboten. Der Streit wütete über Jahrzehnte, und noch 1925 wurden in Amerika Menschen beschimpft und sogar eingesperrt, weil sie den „Darwinismus", also die Zuchtwahllehre, vertraten.

Obwohl die Evolutionstheorie heute unter Wissenschaftlern im Prinzip nicht mehr bestritten wird, gibt es doch noch verschiedene Ansichten über Darwins Erklärungen dafür. Seine Theorie der „natürlichen Auslese" wird nicht von allen Wissenschaftlern anerkannt. Die Biologen unserer Zeit ergänzen und berichtigen sie ständig, und mehrere neue Theorien wurden entworfen. Aber trotz

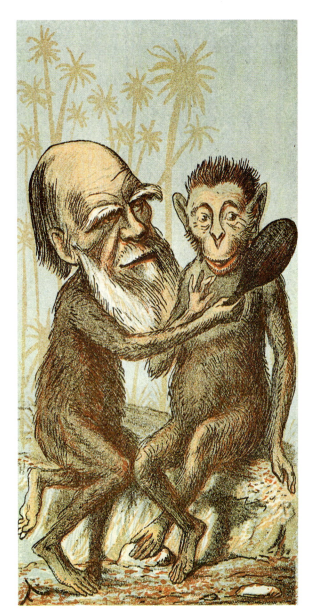

„Professor Darwin und seine Familie" unterschrieb um 1880 ein englischer Karikaturist seine Zeichnung in einer Londoner Zeitschrift.

Das Wildschwein (oben) ist vorn am schwersten, das aus ihm gezüchtete Hausschwein (unten) hat sein Schwergewicht hinten, wo das beste Fleisch sitzt. Diese Änderung wurde durch Zuchtwahl bewirkt.

der unterschiedlichen Beurteilung seiner Werke gilt Darwin überall als einer der hervorragendsten Wissenschaftler. Viele durch die Evolutionstheorie aufgeworfenen Fragen konnten zwar noch nicht geklärt werden; Darwin jedoch hat der Wissenschaft einen unschätzbaren Dienst erwiesen, als er die Biologie den theologischen Glaubenssätzen entriß und sie auf eine feste wissenschaftliche Grundlage stellte.

Im Garten des Augustinerklosters Brünn zog der Mönch Gregor Mendel mehr als 10 000 Erbsenpflanzen auf.

GREGOR MENDEL (1822–1884)

Was ist Genetik?

Ein freundlicher, wohlbeleibter Mönch namens Gregor Johann Mendel war es, der sich als erster mit der Vererbung befaßte und zu ihrer Erklärung Gesetze aufstellte. Mit diesen Gesetzen entstand eine neue Wissenschaft, die Genetik, die Wissenschaft von der Vererbung.

Bis dahin hatte niemand gewußt, warum Menschen blaue Augen, eine lange Nase oder zierliche Füße von ihren Vorfahren erbten. Merkwürdigerweise war es ein Beet mit blühenden Erbsen, dem Bruder Gregor die erste Anregung verdankte, den Geheimnissen der Vererbung nachzugehen.

Mendels Vater war ein armer Bauer und Gärtner im Sudetenland, einem Lande, das heute einen Teil der Tschechoslowakei bildet. Die Familie Mendel mußte sich sehr einschränken und lange sparen, damit der kluge Johann vier Jahre lang eine höhere Schule besuchen konnte. Mit 21 Jahren trat Johann Mendel in das Augustinus-Kloster zu Brünn ein und nahm den geistlichen Namen Gregor an, den er von nun an führte. Im Kloster gab es einen schönen wohlbestellten Garten, und da Bruder Gregor die Gartenarbeit liebte, nahm er ihn in seine Obhut. Dabei setzte er auch sein Studium der Theologie fort und wurde 1847 zum Priester geweiht.

Da sich Gregor Mendel für die Naturwissenschaft interessierte, schickten ihn seine Oberen für zwei Jahre an die Universität von Wien, um dort Physik zu studieren. Nach seiner Rückkehr wurde er Physiklehrer an der Oberrealschule Brünn, der Hauptstadt der Landschaft Mähren. Sein Lehramt ließ sich gut mit seinen Klosterpflichten vereinbaren. Er lebte auch weiterhin bei seinen Klosterbrüdern und kümmerte sich täglich um seinen Garten.

Dort begann er sich Fragen zu stellen.

Warum können rote Pflanzen weiße Nachkommen haben?

Warum zum Beispiel waren manche Erbsen glatt, andere runzlig? Wie konnte man wohl erreichen, nur glatte Erbsen zu ernten? Manchmal fand er, wenn er Samen von rotblühenden Pflanzen gesät hatte, unter der Nachzucht auch solche mit weißen Blüten. Wie kam das?

Seine Wißbegierde veranlaßte ihn, solchen Fragen durch überlegte wissenschaftliche Experimente nachzuspüren. Er wollte nicht mehr nur vermuten, sondern genau beobachten und alle Beobachtungen schriftlich festhalten. Zum Gegenstand seiner Experimente wählte er Erbsen, weil er bei diesen einjährigen Pflanzen in jedem Jahr eine neue Generation, in wenigen Jahren also mehrere Generationen beobachten konnte. In den acht Jahren von 1856 bis 1864 zog er mehr als 10 000 Erbsenpflanzen auf. Er fragte sich z. B., ob die Nachkommenschaft (die „Kinder") einer hoch- und einer kurzwüchsigen Erbse hoch- oder kurzwüchsig ausfallen würde. Um gewiß zu sein, daß auch wirklich nur diese beiden Pflanzen Eltern der Samen sein würden, nahm er mit einem Pinsel etwas von dem goldgelben Blütenstaub oder „Pollen" einer hochwüchsigen Pflanze und brachte ihn auf die Narbe des Fruchtknotens einer kurzwüchsigen Pflanze. Die daraus erwachsenden Samen säte er im nächsten Jahr aus, und sie erbrachten lauter hochwüchsige Pflanzen. Mendel erkannte: die Eigenschaft der Hochwüchsigkeit ist „dominant" (vorherrschend), sie setzt sich bei allen „Kindern" eines ungleichen Elternpaares durch.

Die hochwüchsige Nachkommenschaft brachte nun ihrerseits Samen, die aus der regellosen Befruchtung untereinander durch Insekten hervorgegangen waren. Als Gregor Mendel sie im folgenden Jahre aussäte, gab es un-

Wie vererben sich dominante Eigenschaften?

Gregor Mendel entdeckte um die Mitte des vorigen Jahrhunderts die Vererbungsgesetze.

ter den Pflanzen dieser 3. Generation auch wieder kurzwüchsige; auf etwa drei hochwüchsige kam eine kurzwüchsige Pflanze. Sie mußte ihre Kurzwüchsigkeit von der „Großmutter" ererbt haben, diese Eigenschaft mußte also von der 2. Generation, den nur hochwüchsigen „Kindern", an die „Enkel" weitergegeben worden sein. Diese „unterdrückte" oder „versteckte" Eigenschaft nannte Mendel „rezessiv".

In der gleichen Weise kreuzte Mendel gelbkörnige Erbsen mit grünkörnigen und fand, daß alle „Kinder" der ungleichen Eltern gelbe Samen erbrachten, während in der 3. Generation, unter den „Enkeln" also, drei Viertel aller Samen gelb, ein Viertel aber wieder grün ausfielen. Gelb war also die dominante Anlage, grün war rezessiv. Diese Experimente führte er mehr als hundertmal durch und fand immer das gleiche Ergebnis. Nach acht Jahren sorgfältiger, geduldiger Arbeit war er seiner Sache sicher: Die Vererbung besonderer Eigenschaften bei Pflanzen folgt gewissen festen, unveränderlichen Gesetzen. Es lag nahe, anzunehmen, daß sich die Vererbung auch bei Tieren und selbst bei Menschen nach den gleichen Regeln vollzog; aber mit letzteren konnte man natürlich nicht experimentieren.

Johann Gregor Mendel hielt nun die Zeit für gekommen, seine Theorien der wissenschaftlichen Welt vorzulegen. Im Jahr 1865 arbeitete er einen Bericht aus und las ihn auf einer Zusammenkunft der Brünner Wissenschaftlichen Gesellschaft vor. Aber keiner der Zuhörer schien die Bedeutung seiner Forschung zu verstehen. Man spendete höflich Beifall und vergaß bald, was man gehört hatte.

Wie reagierten Mendels Zeitgenossen auf seine Theorie?

Einige Wochen später trug er seinen Bericht einer anderen Versammlung vor, aber wieder schien sich niemand dafür zu interessieren. Der Bericht wurde schließlich in einer kleinen wissenschaftlichen Zeitschrift gedruckt, die aber bald ungelesen, ohne Würdigung, in den Regalen der Büchereien verstaubte.

Gregor Mendel war enttäuscht. Aber er besaß ein fröhliches Gemüt und ließ sich nicht entmutigen. „Meine Zeit wird noch kommen", sagte er zu seinen Klosterbrüdern. Wenige Jahre später wurde er zum Abt gewählt, und von nun an hatte er soviel zu tun, daß ihm keine Zeit mehr für seine Forschung blieb. Als er im Jahre 1884 starb, erinnerte man sich seiner als eines freundlichen und fleißi-

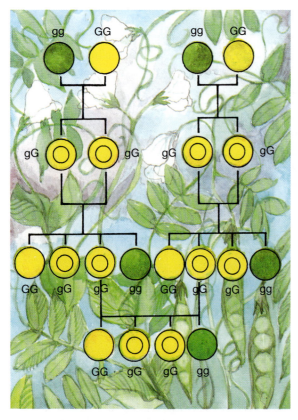

Gregor Mendel begann im Jahr 1857 mit seinen Versuchen, Gartenerbsen miteinander zu kreuzen. Zunächst kreuzte er grüne (auf der Zeichnung gg) mit gelben (GG) Erbsen. Dabei stellte er fest, daß alle Erbsen der nächsten Generation gelb waren. Als er diese miteinander kreuzte, waren von je vier Erbsen drei gelb und eine grün. Dieses Verhältnis blieb auch erhalten, wenn er gelbe und grüne Erbsen der daraufolgenden, also dritten Generation kreuzte. Daraus schloß Mendel: Die erste Bastard-Generation, also die Kinder der reinrassigen Eltern, trugen zwar unsichtbar die Merkmale beider Eltern in sich, aber das dominante (überdeckende) Merkmal G überdeckte das rezessive (zurücktretende) Merkmal g. Nach diesen Versuchsreihen formulierte Mendel die wichtigsten Vererbungsregeln.

gen Augustinerpaters, der einst eine Menge Zeit unnütz vertan hatte, indem er im Klostergarten Spielereien mit Erbsenzüchten trieb.

Seine wissenschaftliche Leistung, die Mendelschen Vererbungsregeln, schienen vergessen.

Sie wurden 16 Jahre später wiederentdeckt. Im Jahre 1900 fanden drei europäische Wissenschaftler zufällig fast gleichzeitig den Bericht, den Johann Gregor Mendel in der kleinen wissenschaftlichen Zeitschrift veröffentlicht hatte. Jetzt war seine Zeit gekommen. Die drei Biologen erkannten sofort die Bedeutung dieses Berichtes und machten ihn überall bekannt. Bald konnte man nachweisen, daß die Mendelschen Regeln auch für Tiere und Menschen zutrafen. Spätere Experimente ergaben, daß es Ausnahmen gab und daß die Gesetze der Vererbung wesentlich vielfältiger waren, als Mendel geahnt hatte.

Aus den einfachen Regeln, die Mendel entdeckt hatte, ist heute eine umfangreiche Theorie geworden, die für Tier- und Pflanzenzüchter von größter praktischer Bedeutung ist. Mit ihrer Hilfe konnte man fortan Weizen, Mais und andere Nutzpflanzen erheblich verbessern, kräftigere und gesündere Kühe und Schafe züchten.

LOUIS PASTEUR (1822–1895)

Im Jahr 1885 brachte eines Tages eine verzweifelte Mutter ihren neunjährigen Sohn in das Laboratorium des berühmten französischen Chemikers Louis Pasteur in Paris. Zwei Tage vorher war der Junge von einem tollwutkranken Hund gebissen worden.

Wie rettete Louis Pasteur ein krankes Kind?

Im Speichel eines tollwutkranken Tieres leben winzige Krankheitserreger, die man Viren nennt. Durch Hundebisse werden diese Viren auf den Gebissenen übertragen und rufen eine tödliche Erkrankung hervor, die Tollwut. Gegen sie war noch kein Gegenmittel erfunden. Der Junge schien also zu einem langsamen qualvollen Tod verurteilt.

Louis Pasteur überlegte. Vielleicht gab es doch noch einen Weg, ihn zu retten? Viele Jahre hatte Pasteur versucht herauszufinden, wie man dem Ausbruch der Tollwut vorbeugen könnte. Auf diese heimtückische Krankheit hatte er einen besonderen Haß, seit er als Knabe erlebt hatte, wie acht Menschen aus seinem Dorf, die von einem tollwütigen Wolf gebissen worden waren, qualvoll gestorben waren.

Er hatte zahllose Experimente gemacht, darunter manche sehr gefährliche, weil er mit wutkranken Tieren arbeiten mußte, die ihn leicht hätten infizieren können. Nach langen Versuchen fand er eine Methode, der Erkran-

Wie machte Pasteur Tiere gegen Tollwut immun?

Der französische Biologe und Chemiker Louis Pasteur entwickelte Schutzimpfungen gegen mehrere Krankheiten von Menschen und Tieren.

kung vorzubeugen. Er schwächte Viren durch eine besondere Behandlung ab und stellte damit eine flüssige Lösung her, die er Vakzin nannte. Diese Flüssigkeit impfte er gesunden Hunden ein. Das geimpfte Tier wurde nun von der Tollwut befallen, aber nur in leichter, in wenigen Tagen spurlos abklingender Form. Wenn er das Tier dann mit frischen, voll wirksamen Viren impfte, blieb es unversehrt. Durch das Überstehen der ersten Infektion war es immun (unempfänglich für Ansteckung) geworden.

Aber Pasteur hatte solche Impfungen nie an Menschen erprobt. Sollte er es wagen, den armen Jungen mit Vakzin zu impfen? Das Kind könnte daran sterben! Ohne Impfung würde es aber auch sterben – mit Sicherheit!

Pasteur zögerte nicht länger: Mit der Impfung gab es eine Chance der Rettung, ohne Impfung keine. Zehn Tage lang impfte er dem Jungen täglich stärkere Gaben des Vakzin ein. Und die Hoffnung trog nicht, die Impfung wirkte. Der Junge war gerettet und die Menschheit um eine wichtige Medizin reicher. Der Schrecken der Tollwut war gebannt. Das Tollwut-Vakzin war nicht die erste wissenschaftliche Entdeckung, die Pasteur gemacht hatte. In 30 Jahren hatte er eine ganze Reihe erstaunlicher Erkenntnisse veröffentlicht, durch die er schon zum berühmtesten Wissenschaftler Frankreichs geworden war.

Louis Pasteur wurde 1822 geboren. Er war der Sohn eines Berufssoldaten aus Napoleons Armee. Als Schüler war er keineswegs hervorragend, aber er besaß drei Eigenschaften, ohne die es kei-

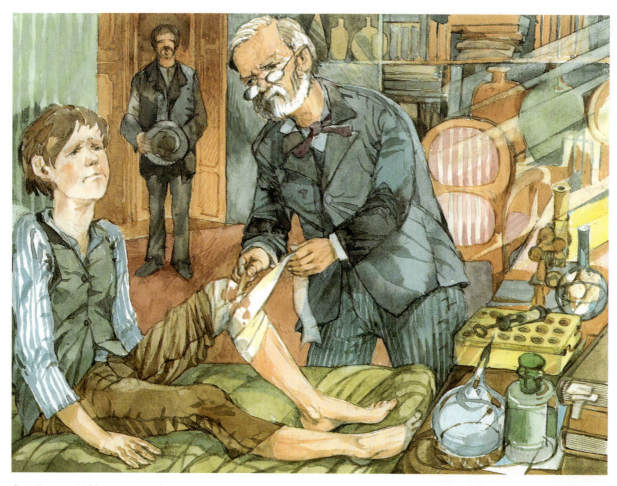

Seit Pasteur 1885 erstenmals einen Jungen gegen Tollwut impfte, hat die Krankheit ihren Schrecken verloren.

ne wissenschaftlichen Erfolge gibt: Wißbegier, Fleiß und Geduld.

Nach dem Schulabschluß ging er in ein chemisches Laboratorium, um Kristalle zu studieren. Er machte einige bedeutende Entdeckungen und erwarb sich einen guten Ruf als Chemiker. 1849 wurde ihm das Lehramt für Physik am Gymnasium zu Dijon übertragen, ein Jahr später wurde er zum Professor für Chemie an der Universität Straßburg ernannt.

Was heißt „pasteurisieren"?

Eines Tages erschien bei ihm eine Gruppe von Weinhändlern. Sie fragten, ob er nicht feststellen könne, warum in einigen ihrer Fässer der Wein jedes Jahr sauer wurde.

Stundenlang beobachtete Pasteur nun Weintröpfchen durch das Mikroskop. Er entdeckte, daß winzige Bakterien, einzellige pflanzliche Lebewesen, den Ärger verursachten. Dann fand er heraus, daß die Bakterien im Wein abgetötet wurden, wenn man ihn 20 bis 30 Minuten lang auf 78 Grad Celsius erhitzt. Dabei kochte der Wein noch nicht, und der Geschmack wurde nicht beeinträchtigt. Später wandte er dies Verfahren auch bei Milch an, um sie vor Säuerung zu schützen. So behandelte Milch wird heute als „pasteurisierte Milch" bezeichnet.

Eines Tages überlegte Pasteur, daß diese winzigen Organismen, die er in der Nahrung und in Flüssigkeiten entdeckt hatte, sich vielleicht auch im Blut von Tieren und Menschen finden und möglicherweise Krankheiten verursachen könnten. Damals wütete in Frankreich eine Seuche unter dem Geflügel, die Hühnercholera. Geflügelzüchter baten Pasteur, ihnen zu helfen. Er begann nach Bakterien zu suchen, die möglicherweise Urheber dieser Seuche sein konnten. Tatsächlich entdeckte er sie im Blut der erkrankten Tiere. Und nun verfuhr er genauso wie bei der Gewinnung des Tollwut-Vakzin: Er stellte eine Bakterienkultur her, schwächte dann die Krankheitserreger ab und impfte sie gesunden Tieren ein. Die geimpften Hühner waren dadurch immun geworden, sie konnten nicht mehr an Cholera erkranken.

Der britische Landarzt Edward Jenner impfte schon vor Louis Pasteur einen Jungen erfolgreich gegen Kuhpocken. Daran erinnert ein Denkmal in London.

Wer erfand die Schutzimpfung?

Der Gedanke der Schutzimpfung stammte allerdings nicht von Pasteur. Im Jahr 1798 hatte der englische Arzt Edward Jenner als erster einen Jungen erfolgreich gegen die Pocken geimpft. Pasteur hat aber als erster die Bakterien entdeckt, die die Hühnercholera verursachen.

Als nächstes versuchte Pasteur, Rinder und Schafe gegen Milzbrand zu impfen.

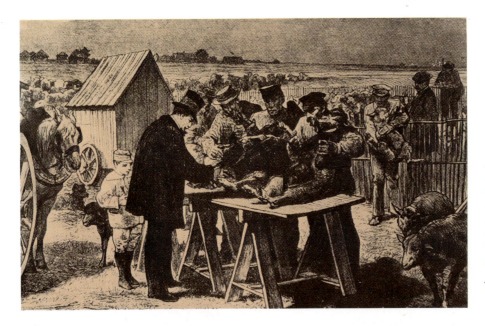

Fast ein Jahr lang zog Pasteur mit seinen Gehilfen in Frankreich von Dorf zu Dorf und impfte Tausende von noch nicht erkrankten Schafen gegen Milzbrand. Diese Seuche fügte den französischen Bauern damals großen Schaden zu.

War diese Krankheit bereits ausgebrochen, konnte er die Tiere nicht mehr heilen. Aber er konnte gesunde Tiere vorher immunisieren. Er impfte also Schafe mit abgeschwächten Milzbrandbakterien. Tatsächlich bekamen die Tiere eine echte Milzbranderkrankung, aber sie verlief so leicht, daß sie kaum erkennbar war. Danach waren sie gegen jede weitere Ansteckung immun.

Pasteur zog nun mit seinen Gehilfen monatelang durch das Land und impfte Tausende von Schafen. So leistete er der französischen Viehwirtschaft und der Schafzucht einen wichtigen Dienst. Nach seinem großen Erfolg bei der Impfung von Tieren gegen seuchenhafte Erkrankungen bemühte er sich, nun auch Impfstoffe gegen ansteckende menschliche Krankheiten zu finden. So kam er schließlich auf den Gedanken, einen Impfstoff gegen die Tollwut zu suchen, und zwar, wie wir bereits wissen, mit ungeahntem Erfolg.

Louis Pasteur empfing alle Ehren und Auszeichnungen, die das dankbare Frankreich zu vergeben hatte. Im Jahr 1888 gründete er das „Pasteur-Institut" in Paris, das sich der Bekämpfung der Tollwut und anderer Infektionskrankheiten widmete. Dieses Institut wurde zum Vorbild für ähnliche Einrichtungen in vielen anderen Ländern.

Ruhm und Ehrungen änderten Pasteur nicht. Er blieb seiner selbstgestellten Aufgabe treu, Leiden zu verhindern, indem man der Krankheit vorbeugt. Er setzte seine Experimente fort, bis seine Kräfte nachließen und das Alter ihn ans Bett fesselte.

Louis Pasteur starb 1895, fast 73 Jahre alt. Der große Forscher hatte seinen Wunsch, „zu dem Fortschritt und den Gütern der Menschheit beizutragen", glänzend erfüllt.

Zeitgenössische Karikatur in einer britischen Zeitung über Jenners und Pasteurs Impfungen gegen Kupocken.

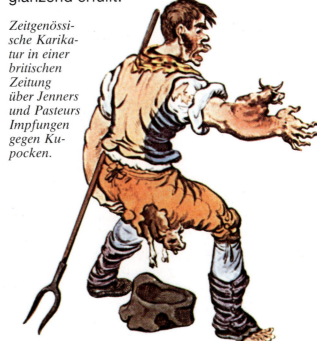

In einer kleinen primitiven Baracke, die sie stolz „Laboratorium" nannte, entdeckte Marie Curie zusammen mit ihrem Mann Pierre das Element Radium, das vor allem in der Medizin neue Möglichkeiten eröffnete.

MARIE CURIE (1867–1934)

Wieviel Radium gibt es auf der Erde?

Eine der größten und aufregendsten Entdeckungen unserer Zeit wurde von einer kleinen, zierlichen Frau gemacht, die in einer alten Baracke mit schmutzigem Fußboden, gesprungenen Fensterscheiben und undichtem Dach arbeitete. Es ist die Geschichte von Marie Curie und ihrer langen, anstrengenden Arbeit, die in der Entdeckung eines wunderbaren neuen Stoffes gipfelte, des Radiums. Radium ist ein seltenes metallisches Element, das unter anderem zur Behandlung des Krebses benutzt wird, einer gefürchteten und noch immer unbesiegten Krankheit. Das gesamte Radium-Aufkommen der Erde wird auf etwa 760 g geschätzt.

Marie Curie wurde 1867 als Marja Sklodowska in der polnischen Hauptstadt Warschau geboren. Als sie 19 Jahre alt war, ging sie nach Paris, um Chemie zu studieren. Dort heiratete sie den jungen französischen Physiker Pierre Curie, dem sie bei seinen Experimenten mit der Elektrizität half.

Als sie 1895 in einem kleinen Holzschuppen, ihrem „Laboratorium", zu arbeiten begann, wußten weder sie noch niemand etwas von dem chemischen Element Radium. Es war noch nicht entdeckt. Ein Pariser Forscher-Kollege al-

35

Der französische Physiker Henri Becquerel entdeckte 1896 die radioaktive Strahlung des Urans.

lerdings, der französische Physiker Henri Becquerel, hatte gerade festgestellt, daß das Element Uran geheimnisvolle unsichtbare Strahlen aussendet. Er hatte zufällig ein Uranstückchen auf einer mit schwarzem Papier umhüllten, noch nicht belichteten Photoplatte liegenlassen. Am nächsten Morgen war die Platte geschwärzt, als wenn sie belichtet worden wäre! Offensichtlich hatte das Element Uran Strahlen ausgesendet, die das schwarze Papier durchdrungen hatten.

Becquerel wiederholte den Vorgang mit Pechblende, einer harten, schwarzen Masse, aus der das Uran gewonnen wird. Die Pechblende wirkte sogar noch stärker auf die Photoplatte ein. Es mußte also außer dem Uran noch ein weiteres strahlendes Element in der Pechblende sein. Er diskutierte seine Hypothese mit den Curies, mit denen er befreundet war. Auch sie fanden das Geheimnis aufregend. Was waren das für seltsame Strahlen, die Gegenstände durchdrangen, durch die normale Lichtstrahlen nicht hindurchgingen?

Was ist Radioaktivität?

Marie Curie prüfte alle bekannten Elemente und fand, daß lediglich Uran und Thorium diese durchdringende Strahlungsaktivität besaßen, der sie den Namen „Radioaktivität" (von lat. radius = Strahl) gab. Becquerel glaubte nun, daß die Pechblende noch ein Element enthalten müsse, das stärker radioaktiv war als das Uran; Marie Curie wollte versuchen, es zu finden.

Pierre Curie lehrte damals an einer Physik-Schule. Er benutzte aber seine ganze Freizeit, um seiner Frau bei ihren Untersuchungen zu helfen.

Der Leiter der Physikschule stellte ihnen einen baufälligen Lagerraum neben dem Schulhof zur Verfügung. Die Baracke war feucht und zugig, aber es war der einzige Raum, den sie kostenlos haben konnten, und sie nahmen ihn.

Zunächst mußten sie Pechblende herbeischaffen, aber woher? Sie zu kaufen wäre viel zu teuer gewesen. Da erfuhren sie zufällig, daß die österreichische Regierung tonnenweise Pechblende be-

Wenn man auf eine lichtdicht verpackte Fotoplatte uranhaltige Pechblende und dazwischen einen metallenen Schlüssel legt, entsteht auf der Platte wegen der radioaktiven Strahlung ein unscharfes Bild des Schlüssels.

saß, die sie für wertlos hielt, weil das Uran bereits herausgeholt war. Da sie ja nicht Uran, sondern ein noch unbekanntes neues Element suchten, war dieser „Abfall" genau das, was sie brauchten. Sie mußten nur die Transportkosten zahlen, um es zu bekommen. Nun kamen Wagenladungen voll von einer schwarzen Masse, die fast wie gewöhnlicher Straßenschmutz aussah.

Diese Rückstände der Urangewinnung mußten zunächst gereinigt werden. Marie und Pierre Curie schaufelten die schmutzige Masse in riesige Töpfe, mischten sie mit Chemikalien und erhitzten sie auf einem alten gußeisernen Herd. Dann mußten sie stundenlang rühren. Stinkende, dunkle Rauchwolken quollen aus den Töpfen, nahmen ihnen fast den Atem und trieben ihnen das Wasser in die Augen. Wenn die Pechblende lange genug gekocht hatte, mußte sie vorsichtig durch Siebe und Filter gegossen und weiter gereinigt und geprüft werden.

Wenige Tröpfchen eines bisher unbekannten Stoffes waren das kostbare Ergebnis ihrer ungeheuren Anstrengung. Sie wurden in sorgfältig verschlossenen Reagenzgläsern aufbewahrt.

Im ersten Winter holte sich Marie Curie eine Lungenentzündung und war fast ein Vierteljahr lang sehr krank. Aber sobald sie wieder kräftig genug war, nahm sie ihre Arbeit an den kochenden Kesseln in dem verräucherten Laboratorium wieder auf. Im Jahre darauf wurde ihre erste Tochter, Irene, geboren; aber schon eine Woche später war Marie wieder im Laboratorium an der Arbeit.

1898 gab Pierre Curie sein Lehramt auf und arbeitete acht Jahre lang mit seiner Frau zusammen weiter. Sie hatten sich

Wie gewannen die Curies das Element Radium?

Als Marie Curie ein bisher unbekanntes radioaktives Element entdeckte, nannte sie es nach ihrer polnischen Heimat Polonium.

Marie und Pierre Curie 1903 in ihrem Labor. Die Curie ist neben Linus Pauling (Nobelpreis für Chemie 1954, Friedensnobelpreis 1962) der einzige Mensch, der die begehrte Auszeichnung zweimal erhielt.

Eine der bekanntesten deutschen Heilquellen mit radioaktivem Wasser ist Baden-Baden (unser Foto). Bäder und andere Anwendungen werden dort gegen Gicht, Rheumatismus, Ischias, Alters- und Durchblutungsstörungen sowie viele andere Krankheiten eingesetzt.

eine sehr schwierige Aufgabe gestellt, aber sie waren entschlossen, sie zu Ende zu führen.

Im Juli dieses Jahres konnten sie bekanntgeben, daß die Pechblende neben Uran zwei weitere radioaktive Elemente enthielt. Marie Curie nannte das erste nach ihrem Heimatland Polen „Polonium". Das zweite, weitaus bedeutendere nannte sie „Radium". Es hat eine mehr als millionenmal stärkere Strahlung als das Uran!

Was fanden die Curies in der Pechblende?

Mit Becquerel zusammen erhielten die Curies für ihre nach so viel mühseliger Arbeit gelungene großartige Entdeckung 1903 den Nobelpreis – und so konnten sie die Schulden abtragen, die sie für ihre langen Forschungen aufgenommen hatten.

Obwohl sie nun wußten, daß ein Element Radium existierte, dauerte es noch vier Jahre, bis es endlich gelang, einige Körnchen reines Radiumsalz zu gewinnen. Bis dahin hatten die Curies acht Tonnen schmutziger Pechblende geschaufelt, geschmolzen, gekocht und filtriert! Diese Radiumsalze waren winzige weiße Kristalle, die im Dunkeln leuchteten.

Die Curies entdeckten auch, daß es nicht ungefährlich war, damit zu arbeiten. Schon ein kleiner Kristall konnte noch durch einen geschlossenen Metallbehälter hindurch die Haut verbrennen und eine große Wundstelle verursachen. Beide hatten, nachdem sie kurze Zeit mit den Radiumsalzen gearbeitet hatten, wunde, rissige und schmerzende Hände.

Gegen welche Krankheiten hilft Radium?

Die Tatsache, daß Radiumstrahlen lebendiges Körpergewebe abtöten kann, erwies sich als höchst bedeutsame Entdeckung. Ärzte und medizinische Forscher fanden bald heraus, daß man damit krankhafte Geschwülste zerstören kann, die beim Krebs sowie bei Haut- und Drüsenkrankheiten auftreten.

Nun bemühten sich die Curies noch mehr als vorher darum, Radium in reiner Form herzustellen. Aber Pierre Curie sollte diese letzte Vollendung der gemeinsamen Arbeit nicht mehr erleben.

Auch Trinkkuren mit radioaktivem Wasser haben sich gegen viele innere Krankheiten bewährt. Das Baden-Badener Heilwasser enthält das Edelgas Radon, das durch den Zerfall der radioaktiven Elemente Radium, Thorium und Aktinium entsteht.

Er starb – 1904 zum Professor für Physik an der Pariser Universität Sorbonne bestellt – zwei Jahre später nach einem Verkehrsunfall.

Nachdem sich Marie Curie vom Schmerz dieses Verlustes erholt hatte, wandte sie sich wieder ihrer Forschungsarbeit zu. Das französische Schulamt brach mit allen Traditionen und bot ihr die Nachfolge ihres Mannes an der Sorbonne an, so daß sie als erste Frau in Frankreich eine solche Stellung erhielt.

Zwei Jahre später gelang es ihr endlich, insgesamt ein Gramm reinen Radiums herzustellen. Nun hatte sie ihr Ziel erreicht. Für diese wissenschaftliche Leistung erhielt sie ‰9‰‰ – diesmal allein – ein zweites Mal den Nobelpreis.

Marie Curie hätte dieses Gramm Radium für 150 000 Dollar verkaufen können, aber sie lehnte das ab. „Radium ist ein Hilfsmittel der Barmherzigkeit", meinte sie, „und es gehört der ganzen Menschheit".

Der hingebungsvollen, unermüdlichen Arbeit, der Tüchtigkeit und dem Mut dieser einmaligen Frau verdanken es viele Krebskranke, daß sie mit Erfolg behandelt werden können.

ALBERT EINSTEIN (1879–1955)

Wie arbeitete Albert Einstein?

Die meisten Forscher, die wir in diesem Buch bisher kennenlernten, arbeiteten mit Mikroskopen, Teleskopen oder in irgendwelchen Laboratorien. Albert Einstein gehörte zu einer anderen Art von Wissenschaftlern. Er war ein theoretischer Physiker, der seine Entdeckungen nicht im Laboratorium, sondern lediglich durch Nachdenken und Rechnen machte. Er führte auch keine Experimente durch, um seine Theorie zu beweisen. Er verwandte all seine Fähigkeiten darauf, Ideen zu ersinnen, zu durchdenken und in mathematische Formeln zu fassen.

Einige seiner Theorien waren seiner Zeit so weit voraus, daß sie erst viele Jahre später nachgeprüft werden konnten, als man ein besseres wissenschaftliches

Albert Einstein war einer der bedeutendsten Wissenschaftler aller Zeiten. Er erhielt 1921 den Nobelpreis für Physik.

Instrumentarium dafür erfunden hatte. So errechnete Einstein z. B. die Existenz eines Sternes, den noch niemand gesehen hatte. Der Stern wurde später gefunden. Eine andere Berechnung führte ihn zu der Voraussage, daß sich das Atom, das bisher als kleinster unteilbarer Grundstein der Materie galt, aus mehreren, noch viel winzigeren Teilchen zusammensetzt.

Albert Einstein stellte eine ganze Reihe mathematischer Formeln auf, mit deren Hilfe die Gesetze des Weltalls entschleiert werden konnten. Niemand vor ihm hatte soviel beigetragen zum Verständnis so geheimnisvoller Dinge wie Licht, Energie, Bewegung, Schwerkraft, Raum und Zeit.

Er wurde 1879 in Ulm an der Donau geboren und wuchs in einer Vorstadt Münchens auf, in der sein Vater eine kleine Fabrik für Elektrogeräte besaß. Als kleines Kind ließ Albert Einstein nicht ahnen, daß aus ihm einst ein wissenschaftliches Genie werden würde. Er lernte erst spät sprechen, und in der Schule war er durchaus kein Musterschüler, der mit hervorragenden Leistungen glänzte. In Wirklichkeit jedoch war Albert Einstein hochbegabt. Im Alter von 12 Jahren hatte er sich schon selbst Geometrie und mathematische Logik beigebracht.

Als er 16 Jahre alt war, sollte er im Elektrogeschäft der Familie mitarbeiten. Aber Einstein wollte Mathematik und Physik studieren, um Physiklehrer zu werden. Er ging nach Zürich (Schweiz) und ließ sich in der Universität als Student einschreiben. Er legte seine Prüfung mit guten Ergebnissen ab und erhielt die Lehrbefähigung für Physik und Mathematik.

Zunächst gelang es ihm nicht, nach seiner Abschlußprüfung eine Anstellung als Lehrer zu finden. Zwar konnte er Privatunterricht erteilen, aber das brachte nur wenig ein. Monatelang hatte er kaum satt zu essen. Endlich fand er eine Anstellung beim Schweizerischen Patentamt. Sie war zwar schlecht bezahlt, aber sie war leicht und ließ ihm viel Zeit zum Studieren.

Welche Theorien machten Einstein berühmt?

In den folgenden drei Jahren verbrachte er jede freie Minute mit der Ausarbeitung von Formeln, die eine neue mathematische Betrachtung des Raumes und der Zeit ermöglichen sollten. 1905, erst 26 Jahre alt, veröffentlichte er eine Theorie, die ihn berühmt machte. Er nannte sie „Spezielle Relativitätstheorie", später folgte die „Allgemeine Relativitätstheorie".

Diesen Theorien zufolge schrumpfen zum Beispiel die Maße eines bewegten

So würden die Passagiere einer Superrakete, die mit 259 000 km/h, also mit etwa 86 % der Lichtgeschwindigkeit über die Hansestadt Hamburg hinwegflöge, den Hafen sehen: Alle Maße in Flugrichtung wären um die Hälfte gekürzt; das weiße Schiff, die Englandfähre „Hamlet", wäre – von der Rakete aus gesehen, – nicht mehr 118 m, sondern nur noch 59 m lang, aber unverändert 18,5 m breit. Bei voller Lichtgeschwindigkeit würde die „Hamlet" sogar auf die Länge von 0 zusammenschrumpfen. Das Foto oben rechts zeigt den Hafen, wie er wirklich aussieht.

Körpers in Richtung der Bewegung bei Lichtgeschwindigkeit auf 0 zusammen, die Zeit bleibt stehen. Daher ist die Lichtgeschwindigkeit (300 000 km/s) die höchstmögliche aller Geschwindigkeiten. Weiter behauptet Einstein unter anderem, daß das Weltall nicht unendlich, sondern ein in sich geschlossener endlicher Raum ist.

Dieses sind nur zwei der Grundaussagen der Einsteinschen Theorien. Sie sind so kompliziert, daß sie hier nicht näher erklärt werden können.

Einsteins Kollegen nahmen seine Theorie nicht mit ungeteilter Begeisterung auf. Beide Theorien stellten viele Irrtümer und falsche Ansätze früherer Überlegungen bloß und zwangen dazu, alte Berechnungen neu zu überdenken. Um 1912 waren aber Zurückhaltung und Feindseligkeit verschwunden, und man begann, zu Einstein als einem Wegbereiter aufzusehen.

Seine Theorien waren sehr kompliziert,

beantworteten aber viele Fragen, die Mathematiker und Physiker schon seit Jahren beschäftigt hatten. Und vielen aufregenden neuen Versuchen und Entdeckungen dienten sie als Sprungbrett. Einstein wurde bald weltbekannt: Er wurde von führenden europäischen Universitäten eingeladen, Vorlesungen zu halten. „Wir haben einen neuen Kopernikus", sagte Max Planck, einer der größten deutschen Physiker. Lehrstühle an berühmten Universitäten wurden ihm angeboten. Im Jahre 1914 wurde er Professor für Physik an der Universität in Berlin, bei der er 19 Jahre lang blieb. Im Jahre 1921 wurde ihm der Nobelpreis für Physik zuerkannt.

1933 kehrte Einstein von einer Vortragsreise in die USA nicht mehr nach Berlin zurück. Adolf Hitler war als Diktator zur Macht gekommen. Er und seine Parteigänger beschimpften und verfolgten die Juden und wollten sie vertreiben oder vernichten.

Warum verließ Einstein Deutschland?

Albert Einstein war mutig an die Seite der Gegner Hitlers getreten und hatte sich öffentlich gegen die falschen Behauptungen und die brutalen Gewalttätigkeiten der Nationalsozialisten gewandt. Dafür zerstörten diese sein Haus, beschlagnahmten sein Eigentum und setzten eine hohe Belohnung für seine Ergreifung aus.

Albert Einstein, einer der hervorragendsten Wissenschaftler der Welt, der bedeutendste Physiker Deutschlands, verehrt und bewundert von Millionen – er war nun ein Flüchtling und Vertriebener ohne Heimstatt. Aber nur kurze Zeit: Die Universität von Princeton rechnete es sich zur Ehre an, ihn als tätiges Mitglied aufzunehmen. Er wurde im Wohnviertel der Universität zu einer stadtbekannten Gestalt, ein kleiner Mann mit buschigem weißem Haar, der bei jedem Wetter täglich seinen Weg zwischen Heim und Amt zu Fuß zurücklegte. Der berühmte Mann lebte still und zurückgezogen. Abends unterhielt er sich gern mit Freunden oder spielte Violine. In den USA fühlte er sich bald ganz zu Hause, 1950 erwarb er die amerikanische Staatsangehörigkeit.

Einsteins wissenschaftlicher Ruhm drang schnell selbst in die entlegensten Winkel der Erde. 1940 wurde er in Arizona (USA) zum Ehrenhäuptling der Hopi-Indianer ernannt. Auf dem Foto rechts neben ihm seine Frau.

Der große Gelehrte war schon zu Lebzeiten zu einer Legende geworden; nicht nur wegen seiner wissenschaftlichen Leistungen, sondern auch, weil er trotz zahlloser Ehrungen bis ins hohe Alter hinein ein bescheidener Mann geblieben war, der bei allem Ruhm seinen freundlichen, fast kindlichen Humor bewahrt hatte. Das Foto rechts – Einstein steckt wartenden Fotografen die Zunge heraus – ging damals um die ganze Welt.

Wodurch machte Einstein die Atombombe möglich?

Im Jahre 1945 explodierten in Japan zwei amerikanische Atombomben und setzten die ganze Welt in Angst und Schrecken. Die Wirkung dieser Superwaffen beruhte auf einer der frühesten Erkenntnisse Einsteins, die er schon 1905 ausgesprochen hatte: Masse, d. h. Materie, kann in Energie verwandelt werden, und Energie wiederum kann sich in Masse verwandeln. Dies widersprach allen bisherigen Theorien, die behaupteten, daß Masse und Energie weder geschaffen noch vernichtet werden können. Einstein hatte 1939 Präsident Roosevelt auf die Experimente der Physiker Fermi und Szilard aufmerksam gemacht, die auf seiner Theorie beruhten. Aber er hatte nicht beabsichtigt, daß seine Arbeit Zerstörung und Tod im Gefolge haben sollte. Er hat später beklagt, daß die Wissenschaft die Atomenergie als Waffe verwendete, anstatt sie nur für das Wohl der Menschen im friedlichen Aufbau anzuwenden.

Albert Einstein hörte jedoch nicht auf mit seinen Versuchen, in die Geheimnis-

se des Weltalls einzudringen. Zu seinen späteren Theorien gehören mathematische Erklärungen der Gesetze der Schwerkraft und des Elektromagnetismus. Er starb 1955, 76 Jahre alt.
Einstein wird lange in der Erinnerung derer leben, die ihn kannten: ein vornehmer, bescheidener Mann, dessen wissenschaftliches Genie eine ganze Welt neuer Erkenntnisse eröffnete. Und in der Geschichte gilt er als einer der größten Denker, die je gelebt haben.

Auf dem Rückweg von der Universität in sein Haus in Princeton (USA), den Einstein tagtäglich bei jedem Wetter zu Fuß ging, wurde er oft von Kindern angehalten, die ihn um Hilfe bei ihren Schularbeiten baten. Kinderlieb, wie er war, erfüllte der Nobelpreisträger jede dieser Bitten.

OTTO HAHN (1879–1968)

Am 6. August 1945, an jenem Tage also,

Warum fühlte Hahn sich für die Atombombe verantwortlich?

an dem die japanische Stadt Hiroshima von einer amerikanischen Atombombe zerstört wurde, befand sich der deutsche Chemiker Otto Hahn als Gefangener der Alliierten in der Nähe von Cambridge (Großbritannien). Dorthin war er kurz vor Ende des Zweiten Weltkrieges mit einigen anderen deutschen Wissenschaftlern gebracht und in dem Landhaus „Farm Hall" interniert worden.
Als die Deutschen im britischen Radio die Meldung vom Abwurf der ersten Atombombe und ihrer verheerenden Wirkung hörten, begann unter den Gefangenen eine erregte Diskussion. Nur der damals 66jährige Otto Hahn blieb stumm. „Er war kreidebleich geworden", entsann sich später ein Augen-

Otto Hahn fand 1938 zusammen mit Fritz Straßmann die Kernspaltung des Urans und des Thoriums.

44

zeuge. Hahn schien seinen Kollegen so erschüttert, daß sie das Schlimmste befürchteten: Die darauf folgende Nacht verbrachten zwei von ihnen als Wache vor der Tür zu Hahns Schlafzimmer – sie fürchteten, er könne sich etwas antun. Denn Hahn fühlte sich mitverantwortlich für die Toten von Hiroshima: Er hatte sechs Jahre zuvor als erster ein Atom des Elements Uran gespalten. Damit hatte er die Grundlage für den Bau der Superbombe geschaffen.
Eigentlich hatte Otto Hahn, Sohn eines Frankfurter Glasermeisters, nicht Wissenschaftler, sondern Industrie-Chemiker werden wollen. Nach dem Chemie-Studium in Marburg war ihm eine gut bezahlte Stellung in der Industrie angeboten worden. Da er dazu aber gute englische Sprachkenntnisse brauchte, ging er mit der Empfehlung eines Marburger Professors zunächst nach London an das Institut des berühmten Chemikers und Atomforschers Sir William Ramsay (Nobelpreis 1904).

Wie begann Otto Hahns wissenschaftliche Arbeit?

Eines Tages drückte Ramsay dem jungen Deutschen ein Gefäß in die Hand, mit dem Auftrag, aus dem darin enthaltenen Gemisch die beiden Elemente Barium und Radium voneinander zu trennen. Kleinlaut mußte Hahn zugeben, daß er sich mit dieser Materie noch nie befaßt habe. „Um so besser", sagte Ramsay, „dann sind Sie wenigstens nicht voreingenommen." Mit dieser verhältnismäßig leichten Aufgabe begann eine der größten und erfolgreichsten Karrieren der Wissenschaft.
Gründlich und fleißig, wie Hahn war, kniete er sich in dieses ihm völlig neue Gebiet hinein und hatte bald erste Erfolge. Er entdeckte einen neuen radioaktiven Stoff, das Radiothorium. In Montreal, wo er anschließend bei dem Physi-

Alle irdischen Stoffe setzen sich aus Atomen zusammen. 100 Millionen Atome sind aneinandergereiht gerade 1 cm lang. Wäre jedes Atom 1 cm groß, könnte man mit der menschlichen Hand den Globus umfassen. Jedes Atom besteht aus dem Atomkern und einer Hülle von ihn umkreisenden Elektronen. Der Kern setzt sich aus etwa gleich vielen Neutronen und Protonen zusammen, die von starken Kräften zusammengehalten werden. Otto Hahn gelang es als erstem, in einem Atomkern Neutronen und Protonen zu trennen – das war die Kernspaltung.

ker und Radiumforscher Ernest Rutherford (Nobelpreis 1908) arbeitete, entdeckte er einen weiteren neuen Stoff, das Radioactinium.
1907 ging Hahn nach Berlin und beschäftigte sich am Chemischen Institut der dortigen Universität ausschließlich mit der Chemie der radioaktiven Elemente. Hier arbeitete er viele Jahre mit der jungen Physikerin Lise Meitner zusammen, die aus Wien nach Berlin übergesiedelt war, später kam noch der Physiker Fritz Straßmann dazu.
Eine Frau in einem wissenschaftlichen Labor – das war für damalige Zeit etwas höchst Ungewöhnliches, ja, Unmögliches. Hahn erzählte später oft, wie sich die junge Wienerin auf Geheiß des Institutsleiters Professor Emil Fischer

45

(Nobelpreis 1902) bei ihrer Arbeit im Keller verstecken mußte; Fischer glaubte, seinen Studenten die Anwesenheit einer Frau im Labor nicht zumuten zu können.

Nach weiteren Entdeckungen auf dem Gebiet der Strahlen-Chemie wurde Hahn 1910 Professor, zwei Jahre später bekam er zusammen mit Lise Meitner eine eigene Abteilung am Kaiser-Wilhelm-Institut für Chemie in Berlin-Dahlem, 1928 wurde er Direktor dieses Instituts.

Wie verwandelte Rutherford Stickstoff in Sauerstoff?

Inzwischen hatte in der Strahlen-Chemie eine völlig neue Epoche begonnen. Rutherford hatte das Element Stickstoff mit den vom Radium ausgesandten Alphateilchen beschossen und dadurch den Stickstoff in Sauerstoff umgewandelt. Alphateilchen sind mit hoher Geschwindigkeit ausgeschleuderte Atomkerne des Elements Helium. Mit Rutherfords Experiment hatte sich ein alter Traum der mittelalterlichen Alchimisten, ein Element in ein anderes zu verwandeln, erfüllt.

Im Jahre 1932 entdeckte der Brite James Chadwick neue Elementarteilchen:

Zwischen diesen beiden Fotos liegen 46 Jahre: Oben Hahn und Lise Meitner im Labor 1913, unten Hahn und Meitner beim Wiedersehen 1959.

die Neutronen. Das sind elektrisch neutrale Teilchen, die in fast allen Atomkernen auftreten. Mit solchen Neutronen beschoß nun der Italiener Enrico Fermi der Reihe nach alle Elemente, vom leichtesten, dem Wasserstoff bis zum schwersten Element, dem Uran.

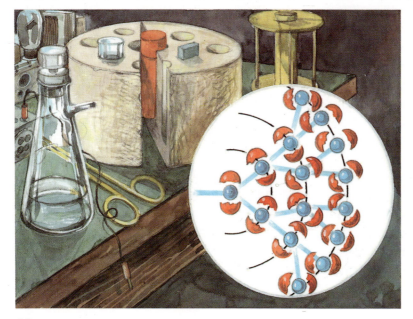

Das wichtigste Instrument auf Hahns Arbeitstisch war eine Kapsel (in der Zeichnung rot), die mit einem Gemisch aus Radium und Beryllium gefüllt war. Die Kapsel war von einem runden Paraffinblock umschlossen, der die von den radioaktiven Elementen ausgesandten Neutronen bremste. Um die Kapsel herum wurden Präparate in das Paraffin gesteckt, die radioaktiv bestrahlt werden sollten. Die Zeichnung rechts unten zeigt die dabei ausgelöste Kernzertrümmerung mit darauffolgender Kettenreaktion.

Hahn und Straßmann in München 1962 vor ihrem einfachen Versuchstisch aus dem Jahr 1938.

("Leicht" und "schwer" bezieht sich in der Sprache der Wissenschaftler auf die Anzahl der Protonen, das sind elektrisch positiv geladene Elementarteilchen im Atomkern. Wasserstoff hat nur ein Proton im Kern und steht daher in der Tabelle der chemischen Elemente an erster Stelle, Uran mit 92 Protonen pro Kern hat die "Ordnungszahl" 92.)

Bei seinen Versuchen mit dem Uran hatte Fermi einen Stoff erhalten, mit dem er wenig anzufangen wußte. Er glaubte, durch den Beschuß mit Neutronen ein noch schwereres Element als Uran, ein "Transuran", erzeugt zu haben. Und er war sehr stolz darauf.

Otto Hahn war eigentlich ein Außenseiter unter den Atomforschern. Er war ja nicht Physiker wie alle anderen, sondern Chemiker – und gerade das war sein Vorteil. Auch er beschoß in

Wie spaltete Hahn ein Uran-Atom?

einer völlig neuen Versuchsanordnung auf seinem winzigen, fast primitiven Arbeitstisch in Berlin-Dahlem Uran mit Neutronen und konnte, da er eben Chemiker war, den erhaltenen Stoff mit chemischen Methoden bestimmen.

Bei einem Versuch am 17. Dezember 1938 stellte er verblüfft fest, daß das neue Element, das er geschaffen hatte, nicht etwa ein Transuran war, sondern das längst bekannte Barium, nur etwa halb so „schwer" wie Uran. Der Urankern war also „leichter" geworden. „Das Biest hatte etwas getan", erzählte Hahn später, „was nach der reinen Lehre der Physik verboten war – es war einfach geplatzt, es hatte sich gespalten."

Dieses war schon wichtig genug. Noch wichtiger und folgenschwerer indes waren zwei Begleiterscheinungen der Atomspaltung. Bei der Atomzertrümmerung werden ungeheure Kräfte frei. Und: Jedes gespaltete Uran-Atom setzt zwei Neutronen frei, die weitere Urankerne spalten und damit eine Kettenreaktion in Gang setzen.

Am 6. Januar 1939 veröffentlichte Hahn in einer Fachzeitschrift seine berühmt gewordene Mitteilung über „diese allen bisherigen Erfahrungen der Kernphysik widersprechenden Versuche". Die Nachricht elektrisierte die Wissenschaftler in aller Welt. Denn sie eröff-

Der Nobelpreis 1945 für „die bedeutendste chemische Entwicklung oder Verbesserung" – so der Text der schwedischen Urkunde – ging an Otto Hahn für die „Entdeckung der Spaltung schwerer Atomkerne".

47

Das wurde aus Hahns Endeckung: Die beiden Druckwasserreaktoren des Kernkraftwerks Biblis (links) liefern 2500 Megawatt. Stündlich werden 400 000 cbm Kühlwasser aus dem Rhein durch die Anlage gepumpt. – Rechts: Bei der Zündung einer Atombombe werden neben den Zerstörungen am Explosionsort ungeheure Mengen gefährlicher radioaktiver Strahlen frei.

nete zwei ungeahnte Möglichkeiten:
● Bei gebremster, also kontrollierter Kettenreaktion ist die Kernspaltung eine ergiebige, in vielen technischen Bereichen verwendbare Energie.
● Bei ungebremster Kettenreaktion wird explosionsartig eine ungeheure Vernichtungsenergie frei – die Atombombe.

In zahlreichen Industriestaaten begann

Wann lief der erste Kernreaktor an?

man sofort mit den Versuchen, beide Möglichkeiten zu verwirklichen. In den USA lief der erste Atomreaktor (Anlage zur Gewinnung von Kernenergie) am 2. Dezember 1942 in Chicago an, Leistung zwei Watt. Auf dem Versuchsgelände Los Alamos (Neu-Mexiko, USA) wurde am 16. Juni 1945 der erste Atom-Sprengsatz gezündet, und am 6. August 1945, um 8.15 Uhr morgens, starben in Hiroshima 200 000 Japaner nach dem Abwurf einer einzigen Bombe, drei Tage später fiel Nagasaki einer weiteren Atombombe zum Opfer.

Während des Zweiten Weltkriegs fürchteten die Alliierten, die Deutschen könnten – mit Otto Hahn an der Spitze – die Atombombe ebenfalls bauen, und das vielleicht schneller als sie. Hahn galt ihnen, so wörtlich ein amerikanischer Wissenschaftler, als „der Mann, der uns am meisten Sorgen machte".
Aber in Berlin gab man die Bemühungen um eine eigene A-Bombe bald auf. „Wir durften uns glücklich schätzen", sagte Hahn später, „daß uns das Schicksal davor bewahrte, solch eine schreckliche Waffe zu bauen."
Hahn kehrte 1946 nach Deutschland zurück und wurde dort zum Präsidenten des Kaiser-Wilhelm-Instituts gewählt. Im selben Jahr erhielt er in Stockholm den Nobelpreis für Chemie, der ihm schon 1944 verliehen worden war. Er wurde Ritter des preußischen Orden „Pour le Merite", das erste Handelsschiff der Welt mit Atomantrieb wurde nach ihm benannt, und das schwerste bisher bekannte Element Hahnium (Ordnungszahl 105) trägt seinen Namen. Otto Hahn starb 28. Juli 1968 in Göttingen.

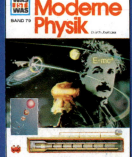

Die Reihe wird fortgesetzt.